## Das Buch

Bislang kannte man den Engländer John Seymour als beredten Verfechter der Selbstversorgung, als Verfasser praxisorientierter Wegweiser für Leute, die auf eigenem Grund und Boden im Einklang mit den Gesetzen der Natur und unabhängig von der bürokratisierten und industrialisierten Umwelt leben wollen. Nun liefert der weltbekannte »Öko-Bauer« die – mit vielen anschaulichen Beispielen angereicherte – philosophische Begründung seiner »Kreuzzüge« für das natürliche und bescheidene Leben auf dem Land. Ausgehend von dem berühmten Bibelzitat »Machet euch die Erde untertan«, zeichnet er die Haltungen des Menschen zu seiner natürlichen Umwelt und die Wechselwirkungen zwischen Natur und Zivilisation von den Anfängen bis heute nach. Dabei geht es ihm vor allem darum, den fatalen Irrtum aufzudecken, daß der Mensch sich losgelöst von der Natur betrachten könne. Und fast beschwörend versucht er, seinen Lesern die Augen dafür zu öffnen, daß die Zerstörung der Natur für den Menschen, weil er Teil dieser Natur ist, letztlich tödliche Folgen haben muß.

## Der Autor

John Seymour, 1914 als Sohn amerikanischer Eltern in Suffolk in Südostengland geboren, studierte Agrarwissenschaften. Zehn Jahre verbrachte er in Afrika, wo er Schaf- und Rinderfarmen leitete, in einer Kupfermine und in der Hochseefischerei arbeitete. Während des Krieges diente er als Soldat in Äthiopien und Burma. Nach einigen Jahren als Journalist, Reiseschriftsteller und Globetrotter ließ er sich mit seiner Frau Sally auf einer Farm in Wales nieder. Heute lebt er in der R[illegible] Irland.

John Seymour:
# Und dachten, sie wären die Herren
## Der Mensch und die Einheit der Natur

Aus dem Englischen von
Irene Rumler

Deutscher
Taschenbuch
Verlag

Deutsche Erstausgabe
Juni 1984

Umschlaggestaltung: Celestino Piatti
Umschlagabbildung: Historisches Museum, Frankfurt am Main (die Memnons-Säulen bei Theben, errichtet von Amenophis III.; Laterna-Magica-Bild aus dem Nachlaß des Projektionskünstlers Paul Hoffmann)
Gesamtherstellung: C. H. Beck'sche Buchdruckerei, Nördlingen
Printed in Germany · ISBN 3-423-10282-9

Inhalt

# Teil I
# Der Mensch und das Wesen der Natur

## Kapitel 1
## Ein Klumpen Erde

Nicht war Nichtseiendes noch war Seiendes damals.
Nicht war der Luftraum, noch der Himmel darüber.
Was regte sich heran, wo war es, in Hut wovon?
Was war Wasser, tief verborgener Abgrund?

Nicht Tod war, nicht Leben damals,
nicht der Nacht, des Tags Erscheinung.
Windlos aus eignem Antrieb atmete das Eine,
außer ihm war nicht irgend etwas Andres.

Dunkel war; von Dunkel verborgen am Anfang,
unerkennbar, war dies Alles Wasser.
Das Werdende, das von Leerheit zugedeckt war,
dies eine ward durch die Macht der Kasteiungsglut geboren.

Als Begehren regte am Anfang sich das hervor,
was des Denkens erster Zeugungssame war.
Des Seienden Verwandtschaft fanden im Nichtseienden
die Weisen aus, als sie im Herzen mit Nachdenken forschten.

Querhin war ausgespannt deren Zügel;
gab es ein Unten, gab es ein Darüber?
Samengeber waren, Mächte waren,
Trieb war unten, Gewährung oben.

Wer weiß gewiß, wer mag es hier verkünden,
woraus geboren, woher diese Schöpfung?
Die Götter sind diesseits durch die Erschaffung von Diesem;
wer weiß also, woher es entstanden ist?

Diese Schöpfung, woher sie entstanden ist,
wenn er sie geschaffen hat oder wenn nicht,
der sie überschaut im höchsten Himmel,
der allein weiß es – oder wenn er's nicht weiß?

Rig-Veda 10. 129*

Nach dem Urknall – falls es je einen Urknall gegeben hat – oder während der gesamten, kontinuierlichen Entstehung von Energie und Materie aus dem Nichts – falls es ein Nichts gab –

* Gedichte des Rig-Veda. Auswahl und Übersetzung von Herman Lommel. Otto Wilhelm Barth Verlag (im Scherz Verlag), München-Planegg 1955, S. 120.

hatte die Materie die Tendenz, sich zu immer höherstehenden Formen zu entwickeln, zu Kristallen zum Beispiel, und zu Leben.

Doch wer will darüber urteilen, ob eine Erscheinungsform von Materie höher entwickelt ist als eine andere? Nun, ich maße mir dieses Urteil an. Ich glaube, daß die Materie, die sich zu meinem Gehirn angeordnet hat, höher steht als die, die sich zu einem Klumpen Erde geformt hat oder dazu geformt wurde.

Ich weiß, daß ein Klumpen Erde unendlich komplex ist. Abgesehen von der Tatsache, daß er, solange man ihn nicht sterilisiert, ein gewaltiges Sammelsurium von Lebensformen enthält (Millionen Lebewesen von tausenderlei Arten und Gattungen), ist er meines Erachtens nicht annähernd so bedeutsam wie die Materie in meinem Gehirn. Und doch ist ein Klumpen von unserer Erde weitaus bedeutsamer als ein Klumpen vom Mond. Warum? Weil er im Gegensatz zu diesem Leben enthält.

Also ist nach meiner subjektiven Einschätzung Materie, die sich zu Leben angeordnet hat, bedeutsamer als solche, die keines enthält, und Materie, die sich zu einem Gehirn zusammenfügt, ist noch bedeutsamer.

Freilich entspricht diese Einschätzung meinem subjektiven Urteil, doch wenn ich nicht irre, dürfte sich das mit dem Ihren decken.

Aus dem Nichts entstand Materie, aus lebloser Materie Leben, aus Leben Bewußtsein, aus Bewußtsein Selbst-Bewußtsein. Ob Theist, Atheist oder Agnostiker – wir alle erkennen das als Wahrheit an. Wir müssen nur unsere Augen aufmachen und hinsehen. Können wir behaupten (könnten wir es überhaupt leugnen?), daß eine dem Universum inhärente Tendenz existiert, aus dem Nichts Materie, aus Materie Leben und aus Leben Bewußtsein und Intelligenz hervorzubringen? Dies ist geschehen und geschieht noch, also muß eine derartige Tendenz bestehen.

Ich könnte natürlich viele Seiten auf die Erörterung der Frage verwenden, was Leben eigentlich ist, aber ich verzichte darauf. Sie wissen es ebensogut wie ich.

Nehmen wir den Mond. Ich wette einen Penny pro Prise Mondstaub, daß es auf ihm kein Leben gibt. Aber Sie können Ihr Leben darauf wetten, daß – Luft, Wasser und andere leblose, aber zum Leben notwendige Elemente vorausgesetzt – irgendwann Leben entstehen würde. Warum? Weil eine immerwährende Tendenz besteht, daß tote Materie sich zu lebender entwickelt, wann immer die Umstände dies zulassen.

Wir Erdbewohner sitzen hier auf unserem winzigen Felsen, umgeben von einer Luftblase, sausen im Kreis durch das Nichts und sind glücklich in dem Glauben, daß unserer der einzige Gesteinsbrocken im Universum ist, auf dem Leben existiert. Und so ist es doch auch, oder? Ein Mann ist auf dem Mond gewesen, hat da droben Golf gespielt, aber kein Leben gefunden. Und wir sind ziemlich sicher, daß es auch auf dem Mars oder der Venus kein Leben gibt. Ich will Sie weder mit den neuesten Schätzungen darüber langweilen, wie viele Billionen Milchstraßen es in diesem Universum gibt – die eine, die wir kennen, genügt schon –, noch damit, wie viele Billionen Sonnensysteme es in unserer eigenen kleinen Milchstraße gibt. Wir werden mit derartigen Zahlen bombardiert, bis uns der Kopf schwirrt. Kann da jemand auch nur für einen Sekundenbruchteil ernsthaft annehmen, daß nur auf diesem einen unbedeutenden Planeten eines unbedeutenden Sonnensystems in einer keineswegs besonderen Milchstraße aus Nicht-Leben Leben entstanden ist? J. B. S. Haldane hat einmal gemeint, es sei äußerst unwahrscheinlich, daß es nicht irgendwo anders im Universum, weit weg von unserem Planeten, eine Kricket-Elf gibt, die Surrey gefährlich werden könnte, und vielleicht hatte er recht.

Kann man denn wirklich annehmen, daß es nötig war, dieses erstaunliche und in seiner Ausdehnung unvorstellbare Universum hervorzubringen, nur damit sich auf einem winzigen Fleckchen im hintersten Winkel pflanzliches Leben entwickeln kann? Welche Verschwendung! Was für ein Ungleichgewicht! Wie unwahrscheinlich!

Mein gesunder Menschenverstand sagt mir, daß Leben spontan – wenn Sie das so nennen wollen – überall dort entsteht, wo entsprechende chemische und physikalische Bedingungen herrschen. Und es sollte mich sehr wundern, wenn nicht in diesem Augenblick auf diesem Planeten Leben entstünde. Warum sollten wir (wie all jene, mit denen ich mich unterhalten oder deren Bücher ich gelesen habe) annehmen, daß die Entstehung von Leben auf diesem Planeten nur ein einziges Mal stattgefunden hat – damals im Präkambrium? Wenn es damals entstehen konnte, ist das jetzt ebenso möglich, und ich wette meine Stiefel, daß genau das passiert. Leben entsteht ständig, und zwar auf einer Milliarde oder Billiarde (beide Zahlen sind gleichermaßen bedeutungslos, also wollen wir einfach sagen: einer Menge) anderer Planeten überall im Universum. Wo und wann immer die

Zutaten stimmen und eine Sonne scheint, wird über kurz oder lang Leben entstehen.

Dies muß ich einfach als Glaubenswahrheit akzeptieren, weil mein gesunder Menschenverstand mir sagt, daß es sich so verhält – der gesunde Menschenverstand, auf den sich früher jede Waschfrau verlassen hat, der aber den meisten Menschen, die sich als Wissenschaftler bezeichnen, abhanden gekommen ist. Und sollten Sie diesen Glauben (daß leblose Materie sich zu lebender entwickelt, wann immer dies möglich ist) nicht teilen, muß ich Sie bitten, Ihre Zweifel vorübergehend beiseite zu schieben, damit wir mit unserer Betrachtung fortfahren können.

Die jüdisch-christliche Kosmologie erklärt, daß Gott das Leben auf diesem Planeten (der als Mittelpunkt des Universums betrachtet wurde) erschaffen hat. Für sie existierte sicherlich weder die Vorstellung, daß ständig neues Leben entsteht, noch daß es ebensogut in anderen Bereichen des Universums entstehen könnte. Aber schließlich kannten die Israeliten auch noch keine Radioteleskope und dergleichen.

Daß in Wasser aufgelöste Chemikalien nach Verdunsten des Wassers Kristalle formen, diese Kristalle wachsen und sich sogar vermehren können, ist bekannt. Wenn man nun den richtigen Elemente-Cocktail hat – Stickstoff, Sauerstoff, Wasserstoff und ein paar andere Bestandteile, vor allem Kohlenstoff –, ihn lange genug (vielleicht ein paar Jahrtausende) umrührt und von den wohltuenden Strahlen irgendeines aktiven Sterns bescheinen läßt, ist es in gleicher Weise möglich, daß sich einige Elemente – vielleicht willkürlich oder nur durch einen glücklichen Zufall – aneinander festklammern und Teilchen bilden, die so geformt und geartet sind, daß sie weitere erforderliche Elemente aus der leblosen Natur aufnehmen und sich mit Unterstützung der Strahlen jenes Sterns teilen und vermehren können; und da diese mikroskopisch kleinen Teilchen mit ihren Eltern identisch sind, werden sie ebenfalls die Fähigkeit besitzen, sich in weitere Teilchen aufzuspalten, und so weiter ad infinitum. Voraussetzung dafür ist natürlich, daß sie sich weiterhin in der entsprechenden Umgebung befinden und von den entsprechenden Strahlen irgendeiner Sonne beschienen werden. Das ist Leben.

Vielleicht läuft dieser Prozeß rein mechanisch ab. Vielleicht bedarf es keines Schöpfers, der Leben in tote Materie bläst. Vielleicht ist einfach nur das willkürliche Zusammentreffen der richtigen Elemente unter den richtigen Bedingungen und über einen genügend langen Zeitraum hinweg nötig, und es wird auf alle Fälle geschehen. Vielleicht ist es gar nichts so Großartiges. Vielleicht ist es aber auch weitaus großartiger, als wir annehmen.

Wasserstoffatome sind aus dem Nichts entstanden und haben sich nach und nach zu anderen Elementen entwickelt. Eines davon, Kohlenstoff, besitzt die großartige Fähigkeit, fast unzählige verschiedene Verbindungen mit anderen Atomen einzugehen. Eine dieser Verbindungen bringt nun zufällig sich selbst perpetuierende Teilchen hervor. Diese werden mit der Zeit immer komplexer, erfinden den Sex und entwickeln sich danach noch schneller weiter, bis wir schließlich Shakespeare, Beethoven, Einstein und Dschingis Khan bekommen.

Müssen wir eine göttliche Macht postulieren, die all dies veranlaßt? Ich weiß es nicht. Aber eines weiß ich: Wenn es geschieht (und daß es geschieht, wissen wir), dann muß im Aufbau dieses Universums irgendeine Tendenz bestehen, die tote Materie in lebende verwandelt, und die – wenn man die Sache weiterverfolgt und beobachtet – lebende Materie in bewußte lebende Materie verwandelt, und bewußte lebende in selbstbewußte lebende Materie: intelligente, denkende und fühlende Materie.

Eine Schnecke hat Bewußtsein, aber kein Selbst-Bewußtsein. Sie weiß nicht, daß sie eine Schnecke ist. Sie ist im Grunde eine Maschine, die auf Stimuli reagiert, zum Beispiel wenn sie meine Krautköpfe anknabbert. Sie hingegen wissen, daß Sie Sie sind, daß ich ich bin und daß Sie dieses Buch lesen. Deshalb verkörpern Sie eine höhere Entwicklungsstufe des Bewußtseins als die Schnecke. Und die Schnecke stellt eine höhere Seinsstufe dar als ein Stein.

Natürlich entspricht es einer anthropozentrischen Sicht, Sie, den Leser, als höherstehend als eine Schnecke zu betrachten. Und natürlich steckt eine lebenszentrierte Sicht dahinter, wenn man die Schnecke höher einstuft als einen Stein. Wie? Eine Schnecke soll »höher«, »göttlicher« sein als der Mount Everest? (Natürlich Mount Everest abzüglich des auf ihm herrschenden Lebens; zweifellos beheimatet er eine Million Schnecken!) Ja! Denn von meinem Standpunkt aus – und ich bin ein Lebewesen – ist ein lebendes Wesen »höher« und »göttlicher« als etwas Unbelebtes. Könnte der Mount Everest ein Buch schreiben, würde er zweifellos einen Berg »höher« einstufen als eine

Schnecke oder einen Menschen. Aber ich schreibe dieses Buch eben als Mensch.

Jetzt will ich aber zum Kernpunkt kommen.

Das Entscheidende ist, daß es irgendeine Tendenz gibt, irgendeinen Drang, eine Kraft, die bewirkt, daß sich tote Materie in lebende verwandelt, wenn sich die Möglichkeit bietet. Ist dies geschehen, neigt die lebende Materie dazu, Bewußtsein zu entwickeln; die bewußte lebende Materie wiederum tendiert dazu, Selbst-Bewußtsein hervorzubringen, die Fähigkeit, in Abstraktionen zu denken, wie ich es hier tue, sich auf die Suche nach Schönheit zu begeben und ihrer Vorstellungskraft auf tausenderlei Weise Flügel zu verleihen. Für mich ist es ganz offensichtlich, daß ich eine höhere Stufe des Bewußtseins darstelle als eine Schnecke.

Doch welche Vermessenheit wäre es anzunehmen, daß keine höhere Bewußtseinsstufe als die, auf der wir stehen, möglich ist. Dürfen wir denn wirklich davon ausgehen, daß nach nicht mehr als tausend Millionen Jahren des Lebens auf diesem Planeten (für kosmische Zeitverhältnisse nur ein Augenblick) das Leben seinen endgültigen Höhepunkt in uns erreicht hat, daß es nichts Höherentwickeltes geben kann, daß nirgends sonst im Universum etwas Höherentwickeltes existiert? Also ich glaube das nicht. Dürfen wir wirklich glauben, daß der Homo sapiens, wie man den Menschen zu bezeichnen pflegt (später werde ich erklären, warum diese Bezeichnung nicht mehr adäquat ist und geändert werden sollte), die letzte Entwicklungsstufe darstellt, daß Leben und Bewußtsein nicht weiter fortschreiten werden und daß von den Billionen von Himmelskörpern, auf denen die entsprechenden Bedingungen für die Existenz von Leben herrschen müssen, nur dieser eine tatsächlich Leben hervorbringt und dann auch gleich die höchstmögliche Entwicklungsform? Dürfen wir wirklich glauben, daß wir das höchste Ziel der Entwicklung sind, die letzte und höchste Stufe darstellen, die Größten sind? (Das nenne ich die Muhammed Ali-Philosophie, und ich gehöre nicht zu ihren Anhängern.)

Natürlich stellt die Menge der Materie, die sich auf unserem Planeten in lebende Materie verwandeln konnte, einen winzigen Bruchteil des Gewichts und Volumens des Planeten dar – und dieser einen noch winzigeren Bruchteil des Gewichts und Volumens unseres Sonnensystems (so winzig, daß man wahrscheinlich gar keine mathematische Formulierung finden könnte, um ihn zu erfassen). Und welchen Gewichts- und Volumenanteil am gesamten Universum die lebende Materie hat, weiß nicht einmal ein Astronom am Königlichen Hof.

Aber wir wissen aus eigener Anschauung, daß lebende Materie, wenn sie erst einmal existiert, über eine erstaunliche Fähigkeit verfügt, ihre Umgebung zu ihren Gunsten zu verändern. Denken Sie nur an die ungeheure Kraft, mit der Flechten und Moose sogar auf Felsen einwirken und sie zu Erdreich zerkleinern, in dem größere Pflanzen wachsen können. Denken Sie daran, auf welche Weise Pflanzen die Existenzgrundlage für Tiere schaffen, oder wie sich im Laufe der Zeit ein Tier entwikkelt hat, das den Boden bestellt und Pflanzen anbaut und damit die Existenzgrundlage für weitere Pflanzen schafft. Wenn Leben erst einmal begonnen hat, scheint es die Fähigkeit zu haben, immer mehr unbelebte Materie in sich aufzunehmen und in lebende zu verwandeln. Wer kann also sagen, wo Leben endet? Wäre es vorstellbar, daß es sich eines Tages auf das ganze Universum ausbreitet? Sie wissen es nicht? Ich ebenso wenig.

Noch etwas stellen wir aufgrund unserer Beobachtungen auf unserem Planeten fest: Leben hat die Tendenz, sich zu immer komplexeren Formen zu entwickeln.

Die Grundlage des Lebens auf diesem Planeten ist die Zelle. Sie ist ziemlich elementar, ganz gleich, ob bei Tier, Gemüse oder einem von diesen obskuren Gebilden, die nur leben können – falls sie wirklich »leben« –, indem sie sich in den Zellen höherer Organismen einnisten und deren DNS manipulieren: die Viren. Doch ganz gleich, welcher Art diese Tendenz ist, die die Entwicklung von Leben vorantreibt, in jedem Fall hat sie eine Methode hervorgebracht, mit Hilfe derer sich eine Anzahl von Zellen zu einer Einheit verbinden können, die mehr ist als die Summe ihrer Teile: das vielzellige Gemüse oder Tier. Ich weiß sehr wohl, daß ich nicht »ich« bin. Ich bin nur eine Anhäufung aus Myriaden einzelliger Tierchen, die selbst Lebewesen sind. Ich bin nur für sie da. Ich reproduziere mich nur, damit sie sich reproduzieren können. Ich denke nur, damit sie überleben können. Wie ein Korallenriff bin ich eine Ansammlung einer Myriade lebender Tierchen. Einige von ihnen sind noch nicht einmal mit mir verbunden, sondern schwimmen in meinem Blut herum.

Aber dieser Trick jener auf Leben gerichteten Tendenz, die den Zusammenschluß einer Menge von Zellen und ihre Spezialisierung ermöglicht und dann noch zuläßt, daß diese Anhäufungen selbst eine Art über-zellulare DNS entwickeln, hat zu

Beethovens Musik, zu Rabelais' derben Späßen und zu Shakespeares Poesie geführt. Natürlich kann man auch in diesem Fall das Ganze wieder als rein mechanische Angelegenheit betrachten: Hat man die entsprechenden nicht-lebenden Elemente in der entsprechenden Umgebung und im richtigen Abstand von einem geeigneten Stern, bekommt man am Ende ein Sinfonieorchester oder eine gefürchtete Kricket-Elf, zumindest wenn man lange genug wartet. All das könnte ganz automatisch und ohne jeglichen Einfluß irgendwelcher Art geschehen. Zu behaupten, daß Gott diese Dinge erdacht und geschaffen hat, beantwortet keine Fragen. Denn wer hat sich dann Gott ausgedacht und ihn erschaffen? Die Frage läßt sich nicht beantworten, indem man sie nur einen Schritt weiter zurückverfolgt.

Wir gehen von den Elementen aus, die wir haben, aber woher sind sie denn gekommen? Haben wir Wasserstoff, werden alle anderen Elemente im Laufe der Zeit daraus entstehen. Doch woher kommt der Wasserstoff? Aus dem Nichts? Und woher kommt dann das Nichts?

Ganz gleich, wie entschlossen wir an der rein mechanistischen Sicht der Entwicklung aus dem Nichts via Wasserstoff, via 102 andere Elemente, via Leben, via Bewußtsein bis hin zu Beethoven festhalten, wir müssen trotzdem anerkennen, daß es eine dem Mechanismus des Universums inhärente Tendenz gibt, die zu dieser Art Entwicklung führt.

Nachdem ich mich – oder vielmehr die Anhäufung einzelliger Tierchen, die ich als »ich« bezeichne – überzeugt habe, daß diese dem Universum inhärente Tendenz existiert, will ich fortfahren. Ich will ihr einen Namen geben, aber verdammt will ich sein, wenn ich das Ding *Die Tendenz* nenne. Ich werde es nennen, wie viele Ansammlungen einzelliger Tierchen, darunter George Bernard Shaw, es genannt haben: die *Lebenskraft*.

Obwohl kein Mensch, der seine Sinne beisammen hat, das Vorhandensein irgendeiner Kraft leugnen kann, die einen Teil des Nichts in Wasserstoff und Wasserstoff in Helium (oder was auch immer – was weiß ich) und so weiter verwandelt hat, könnte man einwenden, daß es falsch ist, sie nur deshalb als Lebenskraft zu bezeichnen, weil es ihr nach zahllosen anderen, ungeheuren Veränderungen wenigstens in einem einzigen, unendlich kleinen Teil des Universums gelungen ist, auch Leben hervorzubringen. Was hat Leben damit zu tun? Soweit wir wissen, stellt das Leben nur eine sehr dünne Schicht auf der Oberfläche eines kleinen Planeten dar: Wie unbedeutend, verglichen mit der unendlichen Weite des unbelebten Universums! Welche Überheblichkeit, zu meinen, daß diese hauchdünne, grüne Schicht auf einem Felsbrocken in einer Luftblase das ist, worum sich das mächtige Universum dreht!

Vielleicht ist das Leben nur ein vorübergehender, kleiner Irrtum. Vielleicht geht es in Wirklichkeit im wesentlichen um Felsen und Wasserstoffatome, die durch das Nichts wirbeln, und um anorganische chemische Substanzen, die so anorganische Dinge tun, wie etwa in Schwarzen Löchern zu verschwinden. Im gegenwärtigen Entwicklungsstadium des einen Planeten, von dem wir wissen, daß auf ihm Leben existiert, dürfen wir durchaus den Schluß ziehen, daß das Leben ohnehin über einen eingebauten Selbstzerstörungsmechanismus verfügt. Denn wenn sich Leben auf einem Planeten entwickelt, muß es immer höhere Formen hervorbringen, es muß Intelligenz entwickeln, muß schließlich lernen, das Atom zu spalten (lange bevor es so viel Vernunft entwickelt hat, das bleiben zu lassen) und muß sich letztlich selbst zerstören, wie es das derzeit auf dieser Erde mit verbissenem Eifer versucht. Vielleicht steckt genau das hinter der Leben schaffenden Tendenz. Leben – Intelligenz – Peng! Vielleicht wiederholt sich dieser Prozeß ständig auf einer Billion Planeten. Vielleicht muß das so sein.

Wenn nun das Leben auf diesem Planeten sich selbst zerstört (und die Chancen, daß dies unterbleibt, stehen im Augenblick nicht sehr gut), bleibt, dessen bin ich fast sicher, genug Zeit, daß tausendmal neues Leben aus toter Materie entsteht, bevor unser Sonnensystem seinen natürlichen Weg geht und in einem Schwarzen Loch verschwindet, die Sonne verlöscht oder die Erde in sie eintaucht oder was immer uns bevorsteht.

Wir sind wahrhaftig unbedeutendes Kleinvieh. Die Lebenskraft schert sich wahrscheinlich nicht einen Dreck darum, was mit uns geschieht. Oder vielleicht doch? Sorgt sie sich vielleicht um jede einzelne Feder auf jedem Spatzenrücken? Aber vielleicht schert sich eine Kraft um gar nichts – schließlich ist sie nur eine Tendenz, und Tendenzen machen sich keine Sorgen.

Ich versuche hier, meine Verwendung des Begriffs Lebenskraft für jene Kraft zu rechtfertigen, die Milchstraßen aus dem Nichts erschafft, sie wieder zerstört, sie in Schwarze Löcher verwandelt und offenbar mit so unvorstellbaren Quantitäten lebloser Materie jongliert, daß die dünne, grüne Schicht auf diesem einen winzigen Planeten verglichen damit nichts ist. Aber wie kann ich die Annahme rechtfertigen, daß dieser winzig kleine Irrtum, den wir Leben nennen, der Grund für die Existenz des ganzen übrigen Krempels ist? Wie viele Tonnen Materie gibt es im Universum? Und wie viele Tonnen lebende Materie gibt es? Diese beiden Zahlen würde ich zu gern nebeneinander sehen, vielleicht würde das die Dinge ins rechte Verhältnis rücken.

Und trotzdem vertrete ich hier die Ansicht, daß die zweite dieser Menge von Tonnen in gewisser Weise bedeutsamer ist als die erste, daß das Stäubchen lebender Materie, von dessen Existenz wir wissen, wichtiger ist als die unvorstellbare und unermeßliche Weite des unbelebten Universums.

Warum aber postuliere ich überhaupt eine Kraft? Vielleicht geschieht es einfach, daß ein Wasserstoffatom aus dem Nichts entsteht, sich später in irgendein anderes Atom verwandelt und schließlich zu einem Teil von mir wird. Aber selbst wenn das »einfach geschieht«, hat irgendeine Kraft es verursacht, und deshalb kann niemand sagen, ich hätte Unrecht, wenn ich die Existenz einer derartigen Kraft behaupte.

Trotzdem fällt mir die Rechtfertigung für den Begriff Lebenskraft schwer, denn vorerst stellt Leben einen so unendlich winzigen Bestandteil innerhalb des ganzen unbelebten Universums dar und sieht außerdem noch nach einer sehr flüchtigen Angelegenheit aus. Gut möglich, daß es nur eine winzige Bedeutungslosigkeit im Reigen der Sterne darstellt.

Wahrscheinlich kann ich diesen Begriff überhaupt nicht rechtfertigen. Vielleicht werde ich es besser auch gar nicht versuchen. Vielleicht sollte ich einfach nur sagen, daß ich das Leben für bedeutsam halte, weil ich ein Teil davon bin.

## Kapitel 2
## Vernunft und gesunder Menschenverstand

> Hätte der Lauf des Schicksals nur einmal den Wolkenvorhang entzweigerissen und uns sehen lassen, wie die Nacht in erschreckende Unendlichkeit aufsteigt, auf jenen Stufen, die in Welten darüber und darunter führen. O Herrlichkeit, o Wunder über Wunder.
>
> Frederick Tennyson*

Wenn man nun einen riesigen und völlig ungerechtfertigten Sprung von der Feststellung, daß die den Tanz der Sterne bestimmende Kraft programmiert ist (wenn wir das mal so nennen wollen), zu der Behauptung macht, daß sie Materie – und Leben, Bewußtsein, Selbst-Bewußtsein und was immer danach kommt – hervorbringen will, dann halte ich es für gerechtfertigt, sie als Lebenskraft zu bezeichnen und zu unterstellen, daß ihr Ziel die Entwicklung von Leben und höherem Bewußtsein et cetera ist.

Ich weiß, daß die Verwendung des Wortes »wollen« in diesem Zusammenhang vom anthropozentrischen Standpunkt aus geschieht. Ich meine damit das Ziel, auf das hin sie programmiert ist – ist das vielleicht besser? Wir können uns diese Kraft vorstellen, wenn wir sie, unserer Argumentation zuliebe und um etwas Spaß ins Spiel zu bringen, personalisieren und als gigantischen Mann mit langem, weißem Bart und lauter Stimme betrachten, der mit einer Billion Milchstraßen herumspielt und das Phänomen Leben nur als kurzlebigen, hübschen Scherz ansieht. Er beobachtet, wie dieser winzige Planet in jener entfernten Milchstraße plötzlich zu grünen beginnt. Er betrachtet ihn lächelnd – seltsames Ding, das er da hervorgebracht hat; die grüne Schicht zerstört sich selbst durch Radioaktivität und löst sich auf; er wendet sich wieder der ernsten Beschäftigung mit Supernovä und dergleichen zu. Macht viel mehr Spaß.

Doch ich glaube einfach nicht, daß es sich so verhält. Ich glaube, daß Leben wichtig ist, daß es den wichtigsten Faktor im Universum darstellt, selbst wenn diese unendlich dünne, grüne Schicht auf diesem unendlich winzigen Planeten alles ist, was es an Leben gibt und je geben wird. Und das ist auch der Grund,

* Frederick Tennyson: The Glory of Nature, IV.

warum ich meiner Kraft den vollständigeren Namen »Lebenskraft« gebe. Ich glaube fest, daß sie genau das ist.

Selbst wenn ich nur aus meinem Fenster auf den Carn Ingli, einen kleinen grünen Hügel jenseits des Clydach-Tals, und das dazwischenliegende Gehölz und das Moor blickte, kann ich sehen, daß unbelebte Materie von lebender absorbiert und zum Leben erweckt wird, daß lebende Organismen sich zu immer höheren Formen entwickeln, und daß mein lieber Nachbar Tom, der in dem grauen Steinhaus am Fuß des Hügels lebt, obwohl er über Bewußtsein und Selbst-Bewußtsein verfügt, ebenfalls ein Teil des ganzen Netzwerks lebender Organismen in diesem Tal ist; daß er bei weitem der Höchstentwickelte aller einzelligen und auch vielzelligen Organismen weit und breit ist, gleichzeitig aber unausweichlich auch Bestandteil dieser lebenden Landschaft.

Da ich im letzten Teil dieser Behauptung bereits die ganze Argumentation dieses Buches vorwegnehme, sollte ich mich jetzt wohl lieber zurückhalten.

Nachdem ich also mit Hilfe einer Reihe vorschneller Schlußfolgerungen und einiger nicht zu rechtfertigender Annahmen bei meiner Lebenskraft angelangt bin, kann ich jetzt zu meiner nächsten nicht zu rechtfertigenden Annahme kommen! Und diese besagt, daß die Lebenskraft wünscht (tut mir leid, daß ich dieses »menschliche« Wort gebrauchen muß – würde Ihnen »ist darauf programmiert« besser gefallen?), daß das Universum sich auf die Hervorbringung immer höherer und höherer Lebensformen zubewegt. Sie will, daß sich leblose Materie in unserem Universum zu lebender Materie entwickelt, und lebende Materie zu höheren und immer höheren Formen fortschreitet. Sie will nicht, daß wir die Erde durch nukleare Spaltung oder Fusion oder irgendein anderes teuflisches Verfahren zerstören. Und so hat sie es gern, wenn wir Dinge tun, die ihrem großen Ziel – der Entwicklung von Leben und höherem Bewußtsein – zugute kommen. Und sie ist unzufrieden, wenn wir Dinge tun, die diesem Ziel zuwiderlaufen.

Ich weiß sehr wohl, daß es nicht richtig ist, Wörter wie »mögen«, »unzufrieden sein«, vielleicht sogar »programmieren« zu benutzen (denn wenn programmiert, wer hat dann programmiert?). Aber da ich ein Mensch voller Vorlieben und Abneigungen bin, erleichtert es erheblich die Kommunikation mit anderen Menschen, die ebenfalls wissen, was Vorlieben und Abneigungen sind, wenn ich diese Wörter gebrauche, die beide

Seiten ohne weiteres verstehen, anstatt mir ein neues Vokabular auszudenken oder zu so unglücklichen Formulierungen zu greifen wie »es scheint eine Neigung zu der Tendenz zu bestehen, Materie in die und die Entwicklungsrichtung zu drängen ...« et cetera.

Und seltsamerweise kann Glück – wie bereits einige Leute festgestellt haben – als ein Wirken im Sinne der Ziele der Lebenskraft definiert werden (wäre »der Tendenz folgen« besser?), und Unglück (in einigen Religionen »Hölle« genannt) als Wirken gegen diese Ziele. Ich betrachte es als eine unverbrüchliche Regel, daß mein Tun, das mich glücklich macht, etwas ist, was auch dem Ziel der Lebenskraft zuträglich ist. Bin ich unglücklich, dann deshalb, weil ich das Gegenteil tue. Das klingt sehr klar und einfach, ist es aber nicht. Meine Interpretation ist oft fehlerhaft, aber das Prinzip stimmt. Hätte ich in die Armee eintreten sollen, um gegen die Streitkräfte von Hitler und Mussolini zu kämpfen? Wäre dies Handeln im Sinne der Lebenskraft gewesen oder hätte es ihren Zielen widersprochen? Natürlich kann man sich in diesen Dingen an sehr strenge Prinzipien halten, etwa: »Ich werde stets für König und Vaterland kämpfen«, oder: »Ich bin Pazifist«. Aber irgend etwas sagt mir, daß das ein Hintertürchen ist. Ich glaube, daß wir jeden einzelnen Fall für sich betrachten müssen und nicht erwarten dürfen, daß es einfach ist; und daß wir Fehler machen müssen.

Auf der Basis, ob Handlungen die Ziele der Lebenskraft fördern oder ihnen zuwiderlaufen, läßt sich ein ganzes ethisches und moralisches Gebäude aufbauen; und man wird feststellen, daß dieses Moralsystem hervorragend funktioniert. Meiner Ansicht nach ist das die einzige stimmige Grundlage für Moral und Ethik, die die Menschheit bislang entdeckt hat.

Unglücklicherweise ist nicht jede Wahlmöglichkeit deutlich etikettiert. Wir können uns zwar fragen, ob diese oder jene Handlung oder ihre Unterlassung den Zielen der Lebenskraft zugute kommt oder nicht, aber es kann durchaus sein, daß wir uns immer wieder falsche Antworten geben. Tatsächlich ist es sehr schwierig, die richtigen zu finden. Lediglich als erste Fingerübung möchte ich Ihnen eine Reihe von Fragen stellen.

Welche der folgenden Alternativen entsprechen den Zielen der Lebenskraft?

1. (Keine) nukleare(n) Waffen herstellen.
2. (Nicht) versuchen, Menschen auf den Mars zu schicken.

3. Unsere Städte größer/kleiner machen.
4. Die menschliche Bevölkerung (nicht) auf Kosten anderer Tiere und Pflanzen anwachsen lassen.
5. (Nicht) mehr Kernkraftwerke bauen.
6. Die Ausrottung von Walen erlauben/verbieten.
7. Die bemannte Erforschung des äußeren Weltraums im Hinblick auf seine Besiedelung beginnen/unterlassen.
8. Zulassen/verbieten, daß die Menschen alle großen Säugetiere in Afrika (Menschen ausgenommen) ausrotten.
9. Die Landwirtschaft (nicht) weiter mechanisieren und (nicht) weiter mit Chemie vollpumpen.
10. Nachdem man die oberste Sprosse der Lebensleiter auf diesem Planeten erreicht hat, die Leiter (nicht) wegstoßen.

Wie lauten wohl die richtigen Antworten? Tut mir leid, aber das müssen Sie schon selbst herausfinden.

Wir wollen nur versuchen, uns eine Frage gemeinsam anzusehen. Wie steht es mit Nummer 7? Falls die Lebenskraft will, daß Leben sich im Universum ausbreitet, wäre es dann nicht in ihrem Sinne, wenn die Menschheit andere Welten und Planeten besiedelt? Wenn sie sogar versuchen würde, im Nichts zu leben? Ja oder Nein? Wenn Leben sich über das ganze Universum ausbreiten soll, wie kann das geschehen, wenn es nicht in den Weltraum vordringt?

Wenn wir freilich in den Weltraum vordringen, würde das im Endeffekt bedeuten, daß wir diese Erde verwüsten. Es würde tatsächlich bedeuten, die Leiter alles anderen Lebens unter uns wegzustoßen. Sollen wir das tun? Warum nicht? Vernunft – bloßer Verstand – mag uns wohl dazu raten, die Besiedelung des Weltraums umgehend zu unserem vordringlichsten Anliegen zu machen. Nur so, könnte der bloße Verstand sagen, werden wir den Zielen der Lebenskraft dienen. Und wir sollten das tun, ganz gleich, welchen Preis die Biosphäre dieses unbedeutenden Planeten dafür bezahlen muß.

Aber neben dieser reinen Vernunft gibt es noch eine andere Instanz. Ich habe mir sagen lassen, daß unser Gehirn aus zwei Hälften besteht, von denen die eine den Verstand beherbergt und die andere jenen anderen Faktor – ob wir ihn nun Instinkt, Gefühl, Intuition oder einfach gesunden Menschenverstand nennen.

Ich will den Verstand nicht schlecht machen. Wahrscheinlich ist er unser wertvollster Besitz. Aber ich bin der Ansicht, daß der westliche Mensch diese Seite seines Gehirns zu schwindelnden Höhen entwickelt und dabei die Entwicklung der anderen Gehirnseite völlig vernachlässigt hat. Und die eine nützt (zum Überleben) nichts ohne die andere. Ebenso wenig, wie wir mit Unmengen von Emotion, Gefühl, Instinkt, gesundem Menschenverstand, oder wie immer Sie das nennen wollen, aber ohne Vernunft überleben könnten, werden wir mit Vernunft allein überleben. Wir müssen diese andere Seite unseres Gehirns wieder aktivieren – oder wir werden untergehen.

Selbst im Zeitalter der Vernunft (mit dem ich mich später noch eingehend befassen werde) war dieser andere Faktor im Menschen noch wirksam. Als der bloße Verstand Bischof Berkeley nach einem heftigen Streit zu der Behauptung bewog, daß man die Existenz von Materie nicht beweisen könne, sagte Dr. Johnson, der über einen großen Anteil an jenem anderen Faktor verfügte, indem er einen Stein kickte: »Damit beweise ich sie!«

Sollte die Lebenskraft wirklich wollen, daß sich Leben im ganzen Universum ausbreitet, und sollte das wahrhaft Gute darin bestehen, den Zielen der Lebenskraft zu dienen, dann gebietet mir der reine Verstand, alles in meinen Möglichkeiten stehende zur Eroberung des Weltraums und der anderen Planeten beizutragen.

Wie bitte? Also da steckt ein Wort im letzten Satz, bei dem sich mir die Haare sträuben wie einem Esel beim Anblick eines Tigers: ein Wort, das den Schlüssel zur Argumentation dieses ganzen Buches liefert.

Doch dieser andere Faktor, worin immer er besteht, bringt mich zum Nachdenken ... ich träume von riesigen Weltraumschiffen, die durch das All gleiten – von gigantischen Industriezentren, Millionen von Menschen, die sich bei der Arbeit langweilen, von der Ausbeutung der guten alten Erde, weil Rohstoffe gebraucht werden, der Tatsache, daß man alle anderen Lebewesen achtlos beiseite schieben wird, von der rapiden Zunahme von Kernkraftwerken, die die notwendige Energie für all das bereitstellen, die unvermeidbar Katastrophen auslösen und unseren Planeten vergiften werden ... Na ja, wir würden ihn ja ohnehin verlassen – also würde das auch nichts mehr ausmachen, stimmt's?

Ich habe eine Vision von gigantischen, durchsichtigen Rädern, die im Weltraum um ihre Achsen rotieren, im klaren Sternenlicht glitzern und unvorstellbar unirdisch aussehen. Doch in einer zweiten Vision sehe ich Menschen, die darauf leben müssen und die sich trotz der wiederaufbereiteten Luft (und Abwässer) betrogen und auf brutale Weise aus ihrem Element gerissen fühlen. Ich erinnere mich an die tapferen Astronauten, die, auf ihre Sitze geschnallt, zum Mond flogen und tagelang wie Krüppel oder Babys lebten, abscheuliches Zeug aus Zahnpastatuben saugten und sich in Plastiktüten entleerten. Ist der Mensch wirklich dazu geboren? Wie wäre es, statt dessen auf einer Felsnase auf dieser alten Erde zu stehen und sich den kräftigen Wind, der von schneebedeckten Bergeshöhen herunter durch ein herrliches Tal fegt, ins Gesicht blasen lassen? Dieser herrliche kalte Wind im Gesicht! Wie wäre es, statt dessen über den schroffen Felsen hinunter zum glitzernden Fluß zu klettern, eine Forelle zu fangen, mit Reisig ein Feuer zu entfachen und sie darüber zu braten, sie zu essen und dann zu fluchen, weil es zu regnen anfängt? Wie wäre es, auf einem Berggipfel zu stehen und mit weit ausgebreiteten Armen zu schreien – vor Freude über die Schönheit der Natur, unserer guten alten Erde und des unendlichen Universums?

Was zum Teufel haben diese Phantasien mit der Eroberung des Weltalls zu tun, fragt der reine Verstand.

Diese Frage kann ich nicht beantworten.

Ist die Lebenskraft darauf programmiert, daß wir die Urwälder des Amazonas radikal abholzen und sie zu Alkohol destillieren, um riesige Industriekomplexe, die zum Aufbau der Weltraumstädte notwendig wären, zu konstruieren und ins All zu befördern? Vielleicht, sagt der bloße Verstand. Aber er steht nicht allein da, und deshalb wird irgend jemand eine andere Antwort finden. Wie Sie sehen, bin ich recht gut im Fragenstellen, aber total unbrauchbar, wenn es darum geht, Antworten zu geben. Szenenwechsel. Wie von vielen Science-Fiction-Autoren beschrieben, wird die Menschheit Computer und Roboter konstruieren, die derart hochdifferenziert und leistungsfähig sind, daß sie sämtliche Funktionen übernehmen können, so daß der Mensch zur Förderung der Ziele der Lebenskraft nicht mehr nötig ist. Die computergesteuerten Roboter sind ungleich intelligenter, vernünftiger, leistungsfähiger, zärtlicher, liebevoller und fähiger, optimal zu handeln und wahres Glück zu empfinden – sie sind entschieden lebendiger als das schwächliche, ziemlich dreckige, schwitzende Wesen, das vor Jahren die ersten Vertreter ihrer Art erfunden und sie in die Lage versetzt hat, Generation um Generation bessere und raffiniertere Nachfolger hervorzubringen. Der Mensch wird überflüssig. Genau so wie der Mensch die Leiter der restlichen auf der Erde lebenden Natur unter sich wegstieß, als er die oberste Sprosse erklommen hatte, werden diese Superwesen ihm einen Tritt versetzen. Oder würden sie vielleicht einige von uns in einem keimfreien Reservat als Schoßtiere halten? Zweifellos sind sie intelligent genug, um human zu sein. Oder doch nicht? Aber diese Frage ist ohnehin müßig.

Roboter? Vielleicht wird es nur ein einziger riesiger, aus vielen Teilen bestehender Roboter sein.

Wenn das der Fall ist, kann der Große Roboter ins Universum vordringen, sich vermehren und tatsächlich auf wirksame Weise dem großen Ziel der Lebenskraft dienen. Aber ist das der große Plan der Lebenskraft?

Mein gesunder Menschenverstand sagt mir, daß die Lebenskraft überhaupt keinen Plan verfolgt. Sie »weiß«, welchen Verlauf die Dinge nehmen sollten, muß aber ihre Arbeit, soweit sie jene Lebewesen betrifft, die sie durch die Evolution hervorgebracht hat, von Handlangern mit freiem Willen ausführen lassen. Warum, weiß ich nicht. Wahrscheinlich habe ich diese Vorstellung aus der christlichen Theologie übernommen, mit der ich bei weitem nicht in jeder Beziehung einverstanden bin; aber dieser Gedanke scheint mir richtig.

Es gibt einen winzigen Mikrokosmos im Universum, für den ich der absolute Experte bin, über den ich mehr weiß als irgendein anderer. Und das bin ich selbst. Und ich weiß, daß ich einen freien Willen habe, ich weiß, daß keine Macht vom Himmel herunterkommen und mir sagen kann, was ich tun soll – und mich dazu zwingen kann. Vielleicht könnte sie mir manchmal helfen, eine Antwort zu finden. Aber mich dazu zwingen – nein. Ich habe einen freien Willen. Hitler hatte einen freien Willen. Wir alle haben einen freien Willen.

Nachdem die Lebenskraft es nun einmal so eingerichtet hat, daß wir höherentwickelten Ansammlungen von einzelligen Tierchen einen freien Willen haben, leuchtet es ein, daß sie uns nicht dazu zwingen kann, das zu tun, was sie möchte. Man kann nicht für Wesen planen, die nicht ausführen werden, was man wünscht. Also müssen wir herausfinden, was die Lebenskraft von uns möchte, und versuchen, uns daran zu halten. Nachdem sie sich für die Ausführung ihrer Arbeit auf Handlanger mit freiem Willen verläßt, kann sie nicht »wissen«, wie diese Arbeit aussehen wird. Es gibt eine Tendenz oder Richtung, aber keinen Plan. Sie erinnern sich an unsere erste, nicht zu rechtfertigende Schlußfolgerung: im Universum herrscht die Tendenz, daß aus dem Nichts Materie entsteht, aus Materie Leben etcetera.

Kehren wir zu unserem Großen Roboter zurück (daß es so etwas geben könnte, ist keineswegs unvorstellbar). Dieses Gedankenspiel bringt uns geradewegs zu einer entscheidenden Frage: Was ist Leben? Wäre nicht ein solcher Roboter – oder eine Herde von Robotern – ebenso lebendig wie wir? Wir sind nur mechanisch funktionierende Zellhaufen, deren Zellen jeweils einen Kern haben, sich unter dem Mikroskop betrachten und vollständig analysieren lassen, und zusammen eine Maschine ergeben, die denken, lieben, lachen et cetera kann. Können wir irgend etwas, was man einem Roboter nicht auch beibringen könnte? Wir wissen, daß unsere Wissenschaftler heutzutage allmächtig sind – falls noch nicht, werden sie es zumindest bald sein. Was also sollte sie davon abhalten, so einen Roboter zu konstruieren? Schließlich darf man nicht vergessen, daß jede Robotergeneration dazu dienen könnte, das Wissen für den Bau der nächsten und noch höher entwickelten zu erwerben.

Gibt es irgend etwas, was uns von der Art her von solchen Robotern unterscheidet? Von Robotern, die so konstruiert und programmiert sind, daß sie nicht nur alles Erdenkliche ausführen können, was wir tun können – nur hundertmal besser –, sondern auch vieles, wozu wir nicht in der Lage sind? Die sogar Kinder bekommen können? Oder weitere Roboter konstruieren können?

Hier sitze ich wieder in der Zwickmühle zwischen der reinen Vernunft und diesem anderen Faktor in mir, den ich nicht benennen kann. Der reinen Vernunft zufolge gibt es absolut keinen Grund, warum der Mensch keinen Roboter entwickeln können sollte, der so kompliziert und »lebendig« ist wie er selbst.

Und doch weiß ich verdammt gut, daß er das nicht kann, und ich nehme fast an, Sie wissen es auch.

## Kapitel 3
## Die Bestimmung des Menschen

> Alles ist eine Ganzheit. Die blühende Rose ist ein Ereignis in dieser Ganzheit, und auch du bist ein Ereignis in dieser Ganzheit. Alle Dinge und Geschöpfe bilden diese Ganzheit. Jeder Stein, jedes Lebewesen ist ein Kind dieser Ganzheit.
>
> Japanisch-buddhistisches Sprichwort

Wir haben gesehen, daß im Universum eine Tendenz zu ständig zunehmender Komplexität existiert, die Materie aus Nicht-Materie, lebende Materie aus toter Materie, intelligente lebende Materie aus nicht-intelligenter lebender Materie und selbst-bewußte lebende Materie aus nicht-selbst-bewußter, lebender Materie hervorgebracht hat. Wir als die einzigen Vertreter wirklich selbst-bewußter, intelligenter lebender Materie auf dem festen Boden dieses Planeten (im Meer gibt es die Wale) haben ein ziemlich dringendes Bedürfnis, uns die Frage zu stellen: Wozu das alles? Nachdem wir nun einmal hier sind, was erwartet man von uns? Was sieht diese Tendenz in Zukunft für uns vor, falls sie überhaupt etwas vorsieht?

In den folgenden Kapiteln dieses Buches werde ich versuchen nachzuvollziehen, wie die Antwort auf diese Frage auf den verschiedenen Stufen der menschlichen Entwicklung ausgesehen hat. Wir werden sehen, daß die Menschheit Epoche um Epoche (zumindest nach dem Paläolithikum) danach gestrebt hat, ein besseres Leben und eine bessere Welt für den Menschen zu schaffen. Dieses Streben hat zweierlei Formen angenommen. Die erste, egoistische und weitaus mehr verbreitete ist die Bestrebung, ein besseres Leben für mich und – bestenfalls – meine Familie zu erreichen. Die andere, die altruistische, besteht darin, ein besseres Leben für die Menschheit zu schaffen. Jamais deux sans trois, sagen die klugen Franzosen, es gibt kein Zweitens ohne ein Drittens, und ich zweifle nicht daran, daß es für unser Überleben eine dritte Motivation geben muß, aber die werden wir zu gegebener Zeit erörtern. Hier will ich nur andeuten, daß sie darin besteht, unsere Pflichten auch gegenüber der restlichen Natur zu erfüllen.

Wie wir bei der »Beweisaufnahme« noch sehen werden, war während langer Phasen der menschlichen Entwicklungsgeschichte der Stamm oder die Sippe für den einzelnen von fast größerer Bedeutung als er selbst. Seit der Erfindung des Nationalstaates können sich viele Menschen mit diesem identifizieren. Und zu allen Zeiten haben Religionen verschiedenster Art »das Individuum aus sich selbst herausgelöst«. Doch im großen und ganzen sind die Menschen zuerst, zuletzt und überhaupt immer Egoisten und haben nur ein kleines Quentchen Altruismus für andere übrig – den Mann oder die Frau, und dann die Kinder und Enkel.

Der Grund dafür liegt für jeden, der auch nur die geringste Ahnung von natürlicher Auslese, Überleben des Stärkeren et cetera hat, auf der Hand. Die genetischen Merkmale, die für die egoistischen Bestrebungen, das Leben zu verbessern, zuständig sind, tendieren dazu, zu überleben und sich zu vermehren. Dies ist ein Teil jener Tendenz, von der wir vorher gesprochen haben. Die Tendenz, die dafür sorgt, daß der Bestangepaßte überlebt und seine Gene an die Nachkommen weitergibt, kommt dem Egoisten zugute. Aber nicht ganz; denn es ist – aus der Sicht der Tendenz – dumm, nur egoistisch zu überleben, ohne Nachkommen zu produzieren. Aus diesem Grund hat uns die Tendenz mit dem starken und ausschließlich egoistischen Fortpflanzungstrieb ausgestattet. Also machen wir uns, wie das Rotkehlchen und der Zaunkönig, aus dem egoistischsten aller Gründe ans Werk – weil es Spaß macht.

Doch es dient nicht den Zielen der Lebenskraft, einfach nur Kinder in die Welt zu setzen und sie dann sterben zu lassen. Also bevorzugt die natürliche Auslese jene, die ihre Kinder lieben und sich um sie kümmern. Das Männchen kopuliert mit dem Weibchen nicht aus altruistischen Gründen, sondern weil es ihm ein angenehmes Gefühl verschafft. Das ist reiner Egoismus. Aber dann kommt noch ein weiterer Überlebensfaktor hinzu, den ich die erste Stufe des Altruismus nennen will; er bevorzugt diejenigen, die ihre Sexualpartner lieben. Da bei den Primatenkindern die Phase der Hilflosigkeit sehr lange dauert, hat das Kind einer einsamen Mutter eine geringe Überlebenschance. Wenn jedoch der Vater des Kindes den natürlichen Trieb verspürt, seine Frau (oder Frauen) und Kinder zu lieben und sich um sie zu kümmern, sind die Überlebensbedingungen für die Kinder weitaus besser. Also bevorzugt die Tendenz oder Lebenskraft diejenigen, die ihre Partner und Nachkommen lieben.

Nun wäre es genetisch von Vorteil, die Kinder anderer Eltern umzubringen, um dadurch mehr Platz für die eigenen zu schaffen. Doch hier kommt ein weiterer genetischer Faktor ins Spiel, der dem einen Riegel vorschiebt: Die natürliche Auslese bevorzugt diejenigen, die hübsche und attraktive Kinder hervorbringen. Dies macht es für das erwachsene Männchen schwer, die Kinder von Rivalen auszuschalten, Kinder, die mit seinen Kindern um Nahrung und Lebensraum wetteifern. Hübsche Kinder haben noch einen anderen Überlebenstrumpf: Wenn sie verwaisen, haben sie größere Chancen, von fremden Eltern angenommen und aufgezogen zu werden.

Also ergibt sich die zweite Stufe des Altruismus wahrscheinlich aus diesem Hübsche-Kinder-Faktor, führt dann aber weiter zur Liebe zum Stamm, dem man aus Gründen der Bequemlichkeit und des Überlebens angehört. Familienloyalität, Stammesloyalität, Patriotismus, rassische Loyalität. (»Die Krauts und Scandawegians sind in Ordnung! Sie sind im Grunde genommen wie wir. Aber Frogs, Dagos und Wops* kann ich nicht ausstehen!«)

Die dritte Stufe des Altruismus nun ist ein jüngeres Phänomen, das sich gegenwärtig, zumindest in Nordeuropa und Nordamerika, auf einen vergleichsweise kleinen (aber wachsenden) Teil der Bevölkerung beschränkt: auf Leute, die unterschiedlich bezeichnet werden – als Linke, Liberale, Rosarote, Idealisten, Kriegsdienstverweigerer, Jesus-Freaks und in den Vereinigten Staaten in Bausch und Bogen als Kommunisten. Dies ist die Stufe, auf der unser Altruismus sich auf die ganze menschliche Rasse bezieht. Es ist die Stufe, auf der der Besitzer eines blitzenden Straßenkreuzers, der nicht im Traum daran dächte, ein ausgehungertes Negerkind mitzunehmen, weil er Angst hat, sich Flöhe zu holen, Geld für Kinderhilfsfonds spendet. Doch stellt sie auf dem Weg des Universums sicherlich einen Schritt nach vorn dar – eine Stufe, auf der die am höchsten entwickelte Spezies eines Planeten die Verantwortung jedes einzelnen Mitglieds dieser Spezies für jedes andere erkennt. Das Gefühl, das John Donne so überwältigend ausgedrückt hat: »Frage nie, wem die Stunde schlägt; sie schlägt dir.«

Kein Mensch ist eine Insel – wir sind alle Teile voneinander.

* Verächtliche amerikanische Bezeichnungen für die Deutschen (Sauerkrautfresser), Skandinavier, Franzosen, Welschen (Italiener, Spanier, Portugiesen) und Griechen (Anm. d. Ü.).

Als ich den Befehl gab, Artilleriefeuer auf eine Gruppe japanischer Soldaten zu geben, die sich am anderen Ufer eines breiten Flusses ausruhten, als ich die Geschosse über meinen Kopf pfeifen und mit grauenhaftem Getöse zwischen den schlafenden Körpern explodieren hörte und sah, wie Männer, die in Dekkung liefen, von brutalen Granatsplittern niedergestreckt wurden, habe ich Brüder sterben sehen und etwas in mir ist gestorben. Als die schwarzen Soldaten unter meinem Kommando einen schwerverwundeten japanischen Kriegsgefangenen auf einer Bahre hereinbrachten und dieser mich entsetzt ansah, weil er glaubte, daß diese schwarzen Riesen mit ihren Gesichtern voller Schmucknarben und den blitzenden Zähnen ihn auffressen würden, nahm ich seine Hände zwischen meine, sah ihn liebevoll an und verhielt mich entsprechend den Gesetzen der dritten Stufe des Altruismus. Sofort richtete er sich auf und aß das angebotene Dosenfleisch.

Jesus war einer der ersten Philosophen im mediterranen Bereich, der die dritte Stufe des Altruismus predigte, und seine Jünger predigen sie seitdem (zwischen wütenden und erschrekkend hartnäckig geführten Kriegen, die sie gegeneinander und gegen jeden, der ihnen in die Quere kommt, führen).

Jetzt glauben Sie wohl, das sei das Ende der Geschichte, habe ich recht?

Nehmen wir an, das Gebot »Liebe deinen Nächsten« (wobei mit »dein Nächster« jeder gemeint ist, der auf dieser Erde lebt) setzte sich durch und alle Menschen auf diesem Planeten lebten wie Brüder (friedliche Brüder, wohlgemerkt) – ist dann das endgültige Ziel der Lebenskraft erreicht? Alle Menschen leben in Frieden. Ist das wirklich das Ende der Geschichte?

Nun gibt es das, was Aldous Huxley (1894–1963) die Ewige Philosophie genannt hat – jene Philosophie, die zu keimen scheint, wo immer sich Menschen die Zeit nehmen, nachzudenken und zu meditieren oder den intuitiven Teil ihrer Psyche weiterzuentwickeln. Es ist nicht einfach, sie zu definieren. Huxley brauchte ein ganzes Buch dazu. Doch dahinter steht der Glaube, daß das materielle Universum nicht das Entscheidende ist, daß es einen Zustand der Transzendenz gibt, daß der Kreis von Leben und Tod irrelevant ist, daß Zeit keine Bedeutung hat und unser Bewußtsein sie nicht erfassen kann (jeder, der einmal auf einem LSD- oder Psilocybin-Pilz-Trip gewesen ist, weiß das), daß wir Sterblichen uns eines Tages alle in dem großen Bewußtseinsfluß vereinigen, der fortdauert – der ist – der jenseits des Universums ist – und der vor ihm war und nach ihm sein wird.

Viele von denen, die sich ernsthaft der Ewigen Philosophie verschreiben, neigen dazu, im Endeffekt überhaupt nichts zu tun, es sei denn vielleicht zu meditieren und zu versuchen, ihre Seelen, was immer sie darunter verstehen, zu vervollkommnen. Nicht, daß gegen das Nichtstun etwas einzuwenden wäre – es schadet den Zielen der Lebenskraft ungleich weniger, als wenn man etwas tut und dieses Etwas wie so vieles schlecht ist.

Ich glaube mit Huxley an die Richtigkeit der Ewigen Philosophie. Ich habe sie aus erster Hand kennengelernt, unter anderem auf einer Insel in einem See in Sri Lanka, auf der abgesehen von zahlreichen Giftschlangen drei buddhistische Mönche lebten. Dort und andernorts hat man mich zur Ewigen Philosophie bekehrt, ohne daß ich damals diesen Begriff gehört hätte. Aber – das genügt nicht. Denn auch da ist die Geschichte noch nicht zu Ende. Erleuchtung, wie sie buddhistische Mönche erleben oder zumindest erstreben, kann ein Schritt auf dem Weg zur Erkenntnis des wahren Ziels der Lebenskraft sein. Vielleicht ist sie eine unumgängliche Voraussetzung. Aber sie stellt eben nur einen Schritt dar.

Wollen wir lieber zu den Dingen zurückkehren, von deren Existenz wir sicher wissen. Lassen Sie uns dem Transzendentalismus, religiösem Glauben, Aberglauben, der Offenbarung, den intuitiven Sehnsüchten und Erkenntnissen den Rücken kehren; lassen Sie uns, unter ausschließlicher Berufung auf unsere fünf Sinne und das, was sie uns erschließen (unterstützt durch ein paar Radioteleskope und ähnliches), nur unseren Verstand gebrauchen (wobei die Intuition ausgeschaltet wird), um zu entscheiden, was wir sind, warum wir hier sind, und zu welchem Handeln uns die Tendenz, die auf eine größere Komplexität im Universum abzielt – jene Tendenz, die ich die Lebenskraft genannt habe – veranlassen würde.

Ich habe im ersten Kapitel dieses Buches den kühnen Versuch unternommen, mit Hilfe dieser rein rationalen Methode einen Abriß vom Wesen der Natur zu geben. Ich habe nicht zugelassen, daß irgendwelche Unzulänglichkeiten, menschlichen Sehnsüchte, Offenbarungen eines höheren Wesens, überkommene Glaubenssätze oder Vorstellungen – ob göttlich oder sonstigen Ursprungs – meine Argumentation beeinflussen. Nirgends auf diesen Seiten hat der Aberglaube sein häßliches Haupt erhoben.

Ausschließlich mit Hilfe logischer Schlußfolgerungen bin ich zu dieser Lebenskraft gelangt – dieser Tendenz, von der wir wissen (wenn wir uns überhaupt auf unsere fünf Sinne verlassen können), daß sie vom Nichts zu Beethoven geführt hat. Wir wissen, daß da zunächst das Nichts war – wir wissen, daß es Beethoven gab – und daß das eine zum anderen geführt hat.

Wozu wird nun diese Tendenz uns wohl als nächstes veranlassen?

Ich kann tote Materie nicht von lebender trennen. Letztere ist einfach eine andere Form der ersten. Ich kann nur alles zusammen als Natur bezeichnen. Der einzige Zweck dieses Buches besteht darin, den Irrglauben zu beseitigen, daß wir Menschen von der Natur getrennt sind – daß die Natur (das heißt das gesamte Universum außer uns) nur für uns existiert. Sind wir vielleicht die Herren der Schöpfung? Ich hoffe, daß es mir im folgenden gelingen wird, nachzuweisen, daß dies nicht der Fall ist. So, wie die Dinge liegen, muß ich menschliche Intelligenz als ein Produkt der Natur betrachten. Natur, die Lebenskraft – nennen Sie es, wie Sie wollen – hat ihre Fühler auf diesem einen winzig kleinen Staubkörnchen unter den Milchstraßen, das wir Erde nennen, in alle Richtungen ausgestreckt. Sie hat es mit riesigen Kaltblütern versucht, dann mit riesigen Warmblütern. Sie hat riesiges Gemüse ausprobiert und winziges. Sie hat Gemüse von erstaunlicher Komplexität hervorgebracht. Sie hat mit den sogenannten »sozialen Insekten« experimentiert, in deren Kolonien sich die Einzelwesen in jeder Beziehung so verhalten wie die Zellen in unserem Körper – so daß im Grunde genommen die Kolonie das Individuum ist, das sich paart und reproduziert wie wir und im Lauf der Zeit wahrscheinlich ein komplexes Gehirn entwickelt. Und in jüngster Zeit hat sie es mit uns versucht. Wir sind nur eine von einer Myriade Erfindungen, die die Lebenskraft hervorgebracht und ausprobiert hat und noch probiert.

Viele ihrer Erfindungen befinden sich noch immer im Teststadium. Sie alle werden ständig modifiziert; das entspricht dem Wesen der Lebenskraft. Natürliche Auslese sorgt für ständige Veränderung. Nun haben wir hier eine neue Erfindung – Intelligenz –, und auch sie wird getestet. Wozu? Natürlich um zu sehen, ob sie dem Ziel der Lebenskraft dienlich ist. Und worin besteht dieses Ziel? Genau das müssen wir herausfinden.

Stellen Sie sich nur mal so als Gedankenexperiment vor, das Leben auf diesem Planeten wäre eine unauflösliche Einheit. Ich weiß, daß das eine unverzeihliche Simplifikation darstellt. Materie ist Materie, ob sie lebt oder nicht. Doch lassen Sie uns, um dieses ganze Theorem handlicher zu machen, die lebende Materie auf diesem Planeten als eine Einheit betrachten. Wir können beobachten, daß sie entsteht, sich entwickelt, sich ausdehnt und mehr und mehr unbelebte Materie des Planeten in sich aufnimmt. Bakterien und Flechten greifen selbst Felsen an, zerlegen sie Stück für Stück und verwandeln die Mineralien, aus denen sie zusammengesetzt sind, in lebende Materie. Lebende Materie stellt einen nie endenden Zustand der Veränderung und des Flusses dar; wenn nicht-organische Materie lebendig und damit zu organischer Materie geworden ist, verwandelt sie sich nicht wieder zurück – es sei denn, sie verbrennt. Das lehrt uns der Komposthaufen. Alles, was gelebt hat, kann wieder leben. Stellen Sie sich nur einen Augenblick lang das Leben auf der Erde als einen einzigen lebenden Organismus vor, der die ganze Erde umgibt. Es hat etwas Neues hervorgebracht, hat ein neues Experiment begonnen. Und das sind wir. Intelligenz. Aber warum macht es dieses Experiment? Aus genau demselben Grund, aus dem es eine Myriade anderer Experimente gemacht hat. Weil es in seiner Natur liegt zu versuchen, sich zu entwickeln, sich auszudehnen, sich zu intensivieren – komplexer zu werden.

Es hat Intelligenz für seine eigenen Zwecke entwickelt.

Das Leben hat Intelligenz keineswegs um der Intelligenz willen entwickelt. Und auch nicht zu dem Zweck, daß die mit dieser Intelligenz ausgestatteten Arten sich unangemessen auf Kosten anderer Organismen (oder Teile dieses einen großen Organismus – des terrestrischen Lebens) vermehren; nicht, damit wir intelligenten Wesen uns einbilden könnten, anderen Lebensformen – allem nichtintelligenten Leben – überlegen zu sein, und nicht, damit wir davon reden können, die Natur zu erobern, den Dschungel zu erobern, die Meere zu erobern, die Sterne zu erobern!

Nichts von alledem.

Es hat uns nicht für unsere Zwecke, sondern für seine eigenen hervorgebracht. Und wenn wir diesen Zwecken nicht dienen, wird es dieses Experiment ganz einfach beenden wie schon Millionen Mal zuvor und es eben mit neuen versuchen.

Ich will damit nicht sagen, daß wir nicht ein aus der Sicht der Lebenskraft wichtiges Experiment seien. Ich meine nicht, daß wir unsere Bedeutung unterschätzen, uns bescheiden zurückziehen und gar nicht versuchen sollten, Einfluß zu nehmen. Ich glaube nicht, daß wir einfach dasitzen, meditieren und auf das

Ende warten sollen, bis unsere Körper wieder mit der übrigen lebendigen Materie des Planeten verschmelzen und unsere Seelen, falls wir solche haben (meine fünf Sinne und der bloße Verstand geben mir allerdings keinen Anhaltspunkt dafür), in den großen Ozean des Nicht-Seins fließen oder was auch mit uns geschieht. Wir sollten unser Licht nicht unter den Scheffel stellen.

Wenn wir uns Mühe geben, logisch zu denken und herauszufinden, welchen Zweck das Leben auf diesem Planeten mit der Hervorbringung intelligenter Wesen verfolgt, werden wir, glaube ich, entdecken, daß die Antwort im Grunde genommen auf der Hand liegt. Sie besagt, daß wir diese Intelligenz – und wir wollen nicht vergessen, daß sie, wie die Stacheln auf einem Igelrücken, nur eine andere Erscheinungsform von Leben ist – dazu verwenden sollten, die erforderliche Ordnung unter den vielen lebenden Dingen auf diesem Planeten herzustellen. Der Mann und das Weib wurden in den Garten gesetzt, um ihn zu hegen und zu pflegen.

Wir sind nicht nur da, um einander zu lieben, auch wenn das sehr nett ist. Wir sind nicht nur da, um unseren Spaß zu haben. (Meine Intuition sagt mir, daß wir durchaus unseren Spaß haben sollten, weil wir ohne ihn unsere eigentliche Aufgabe, nämlich die Ziele der Lebenskraft zu fördern, sicher weniger gut erfüllen. Ich stimme keineswegs mit dem Gebot der Methodisten überein, daß Liebe zwischen Eheleuten nur unter der Voraussetzung gestattet ist, daß sie sie nicht genießen. Wir sollen sie genießen! Ich habe überhaupt den starken Verdacht, daß wir unser Leben genießen sollen, und ich gebe, soweit möglich, jeder Versuchung nach.) Wir sind nicht nur da, um uns zu vervollkommnen, ganz und gar nicht. Sondern wir sind da, um diese ungeheure Möglichkeit, diese Ansammlung von Billionen Zellen, die jeder von uns in seinem Schädel hat – Intelligenz –, dazu zu benutzen, die Großartigkeit und Komplexität, die wahre Gesundheit, die Schönheit und die Harmonie des Lebens auf diesem speziellen Planeten zu vergrößern. Wir sind – vom Leben – hervorgebracht worden, um das Leben auf diesem Planeten zu vermehren und zu verbreiten.

Wir dürfen jedoch keinen Augenblick lang glauben, daß wir mehr seien als nur ein Teil der lebenden Materie auf diesem Planeten. Sollten wir je in den Weltraum vordringen und andere Sterne besiedeln, dürfen wir dieses Abenteuer nicht als »Eroberung« der betreffenden Sterne durch den Menschen betrachten.

Vielmehr ist es das Leben – das terrestrische Leben –, das sich in Gestalt von uns Menschen im Universum ausdehnt. Vielleicht führt der Homo sapiens (der wir bis dahin hoffentlich sein werden) die anderen Arten in den nicht-terrestrischen Weltraum hinaus; und sollten wir da draußen anderes Leben vorfinden, dürfen wir nicht vergessen, daß es ein Teil von uns ist – und wir umgekehrt ein Teil von ihm. Aber solche Träume liegen in weiter Zukunft. Zuerst müssen wir diesen Planeten in einen Garten verwandeln.

Intelligenz ist eine großartige und sehr, sehr erfreuliche Sache, aber sie unterscheidet sich nicht wesentlich von anderen Erscheinungsformen des Lebens. Intelligente Wesen sind nicht-intelligenten nicht überlegen. Wir Menschen sind aufgrund dieser Gabe privilegiert (und tragen damit auch eine große Verantwortung), aber wir dürfen nicht glauben, daß uns das irgendeiner anderen Lebensform überlegen macht oder uns wesentlich davon unterscheidet. Denn alles Leben ist im Grunde genommen eine Einheit, und wir sind ein Teil davon und können nie etwas anderes sein.

Sollte es uns gelingen, »die Leiter der Natur unter uns wegzustoßen«, was wir nach Ansicht vieler moderner Denker tun sollten (ob sie das nun offen zugeben oder nicht) und was alle unsere Politiker und die meisten Industriellen und Wissenschaftler versuchen, werden wir uns nur einen Augenblick lang anklammern können und dann schreiend zurück ins Chaos stürzen.

Uns von der übrigen Natur separieren zu wollen, wäre genauso vernünftig, wie unseren Kopf vom Körper abzutrennen, da wir ihn, weil unsere Köpfe das Gehirn enthalten, das uns überlegen macht, nicht mehr brauchen.

# Teil II
# Die Entwicklung der menschlichen Einstellung zur Natur

# Kapitel 4
# Der altsteinzeitliche Mensch

> Hört mich, ihr vier Himmelsrichtungen – ein Verwandter bin ich. Gebt mir die Kraft, auf der weichen Erde zu wandeln, verwandt mit allem.
>
> Sioux-Gebet*

Wenn Joseph, der Mann aus dem Busch, und ich die weite Grassteppe durchquerten, ging er vor mir her und ich beobachtete ihn. Ich versuchte, ihm alles nachzumachen. Wenn ich durch die Wälder auf meiner eigenen Farm gehe, breche ich kleine Zweige ab, die mir im Weg sind, und wenn ich einen Holzstock in der Hand habe, was oft vorkommt, schlage ich überhängendes Buschwerk beiseite, um mir den Weg zu bahnen.

Joseph hat nie auch nur den kleinsten Zweig abgebrochen. Er bewegte sich durch den Busch wie ein Fisch durchs Wasser – er war ein Teil davon. Während er ging, veränderte er nichts. Und es fiel mir auf, daß Joseph sogar auf Wegen, die er jeden Tag ging – zum Beispiel dem zwischen seiner Hütte und dem Schafs-Kral, in dem die ihm anvertraute Herde nachts eingesperrt war – nichts veränderte. Ein Weißer oder ein Bantu (Angehöriger der »fortschrittlicheren« schwarzen Rasse in Süd- und Ostafrika) hätte die Büsche zurückgeschnitten und einen richtigen Weg angelegt. Joseph wäre nie auf diese Idee gekommen.

Joseph war ein »zahmer« Buschmann. Als kleiner Junge war er von einer Afrikander-Familie gefangen und als Sklave gehalten worden; daher sprach er Afrikaans. Da mir die Grundbegriffe dieser Sprache vertraut waren, konnte ich mich mit ihm verständigen. Wie viele eng mit Buschmännern befreundete Weiße schon vor mir herausgefunden haben, ist es ohnehin kaum nötig, dieselbe Sprache zu sprechen, um sich mit einem Buschmann zu verständigen. Die Angehörigen dieser Rasse haben eine schon fast unheimliche Gabe, einem ihre Gedanken zu übermitteln und zu verstehen, was man selbst auszudrücken versucht.

Joseph war von ungleich schnellerer Auffassungsgabe als ich. Er erfaßte intuitiv, was ich erst ausklamüsern mußte. An vieles,

* John Neidhardt (Hrsg.): Black Elk Speaks. Life Study of A Holy Man of the Oglala Sioux. University of Nebraska Press, 1979.

woran einige junge Menschen in der westlichen Welt heutzutage glauben, glaube ich eigentlich nicht; zum Beispiel glaube ich nicht an Telepathie. Doch wenn ich mit Joseph zusammen war, mußte ich einfach daran glauben. Ich schwöre, daß wir uns manchmal unterhielten, ohne daß dabei ein Wort fiel. Jedenfalls ließ er mich nie einen Satz zu Ende bringen. Sobald ich meinen Mund öffnete, um etwas auf Afrikaans hervorzustottern, unterbrach Joseph mich und antwortete auf die Frage, die ich hatte stellen wollen.

Ich bin oft mit Joseph auf der Jagd gewesen. Joseph war als Schäfer auf der Farm meines Chefs angestellt. Das bedeutete, daß er für eine Herde von drei- bis vierhundert Schafen verantwortlich war. Nachts trieb er diese Schafe in den umzäunten Kral, ließ sie am Morgen von einem Weißen (meistens mir) zählen und wanderte dann mit ihnen in die Grassteppe hinaus, wo er versuchte, sie von den Herden anderer Schäfer (insgesamt gab es sechs Herden auf der Farm) fernzuhalten und vor den vielen wilden Tieren zu schützen.

Doch manchmal führte Joseph seine Schafe auch in das heiße, trockene Buschland und vertraute sie seiner Frau an. Sie war ein ebensoguter Schäfer wie er. Dann ging er zu einem bestimmten Busch, einem Wag-'n-Bietjie-Busch (»wart-ein-bißchen«-Busch; wenn man ihn berührte, mußte man etwas warten, weil seine nadelspitzen Dornen sich an einem festhakten), griff hinein und zog die Spitze eines Assagai, eines Wurfspeers, heraus. Heft hatte er keines. Das schnitt Joseph dann später, wenn er tiefer im Busch war. Denn den »Eingeborenen« in Südwestafrika war der Besitz von Speeren untersagt.

Joseph und ich machten meistens Jagd auf den großen und prächtigen Spießbock, auch Oryxantilope genannt. Anfangs nahm ich noch mein Gewehr mit. Joseph wußte immer, wo er einen Bock aufspüren würde. Nun gehört zu den vielen Dingen, an die ich nicht glaube – ich glaube wirklich nicht daran – das Wünschelrutengehen, ganz gleich, ob es sich dabei um Wasser oder anderes Zeug handelt. Ich habe einige Male »Wassersucher« in Aktion gesehen und war jedesmal beeindruckt von ihrer zuverlässigen Unfähigkeit, mehr zu entdecken als irgendein anderer. Ein »Wassersucher« geht mit seiner Astgabel umher und sagt: »Hier mußt du graben!« Also gräbt man, und manchmal findet man Wasser und manchmal auch nicht.

Doch wenn wir nach einem Spießbock Ausschau hielten, blieb Joseph ab und zu stehen, blickte sich um, schien die Luft zu schnuppern (gerochen haben konnte er nichts, denn wir waren oft noch Kilometer von den Tieren entfernt und hatten den Wind im Rücken) und schlug eine andere Richtung ein. Und immer fand er den Spießbock. Das Buschland war weit, und es gab wenig Böcke. Es war, als suchte man eine Stecknadel in einem Heuhaufen. Aber Joseph spürte sie immer auf. Ich glaube, daß ich diese Kunst ein bißchen von ihm gelernt habe, denn nach meinem Aufenthalt in Afrika hatte ich einen Spürsinn für Wild, der anderen Leuten fast schon ungeheuer vorkam. Ich glaube, es hängt damit zusammen, daß man den einen Teil des Gehirns arbeiten läßt, anstatt sich ganz auf den anderen zu verlassen.

Ich habe gerade in irgendeinem Buch etwas über diese Theorie von der rechten und linken Gehirnhälfte gelesen. Sie hat mir sofort eingeleuchtet; nicht wegen der Teilung des Gehirns in eine rechte und eine linke Hälfte und die Ausstattung der einen Hälfte für eine Sache und der anderen für eine andere, sondern weil ich als Experte für ein Gebiet – mich selbst – bereits die Entdeckung gemacht hatte, daß mein Gehirn aus zwei Teilen besteht: dem Teil, mit dem ich denke, und dem, mit dem ich fühle. Ich weiß, daß der Teil, mit dem ich denke (keine Ahnung, ob der rechts oder links, überall oder in der Mitte liegt, und es schert mich auch nicht die Bohne), den Teil, mit dem ich fühle, fast völlig dominiert. Folglich wird der Teil, mit dem ich fühle, unterdrückt. Ich bin ein denkendes Tier, kein fühlendes. Joseph hat gleichermaßen gefühlt wie gedacht. Ob die Buschmänner, ein altsteinzeitliches Volk, das in einer der unwirtlichsten Gegenden der Welt lebt (in der Wüste Namib und der Kalahari), überleben, hängt vollkommen von ihrer Fähigkeit ab, Dinge zu erfühlen und intuitiv zu erfassen. Ein Weißer, der sich in der Wüste Namib verirrt, wird, auch wenn er ein Gewehr bei sich hat, bald sterben. Zwar sind die Buschmänner schon physisch im Vorteil – sie können zum Beispiel ohne zu trinken neunzig Kilometer in vierundzwanzig Stunden zurücklegen –, doch tatsächlich ist es dieser andere, geistige oder seelische Vorsprung, der ihnen das Überleben ermöglicht.

Ich kann etwas von dem Potential meiner rechten Gehirnhälfte (aus Gründen der Einfachheit gehe ich einmal von dieser etwas unwahrscheinlichen geographischen Lokalisierung aus) nur aktivieren, indem ich die linke Seite betäube. Das kann mit Alkohol oder mit einem Pilz der Gattung Psilocybe mexicana geschehen (wobei der Pilz weitaus wirksamer und weniger schädlich für die Gesundheit ist). Leider führen alle beide Methoden der Betäubung oder zumindest einer teilweisen Ausschaltung der linken Hälfte dazu, daß wiederum ein Ungleichgewicht entsteht, so daß ich, ob ich mich nun betrinke oder Pilze esse, zwar großartige Einsichten gewinne, diese Einsichten jedoch weder gleichzeitig der scharfsinnigen Beurteilung durch meine linke Gehirnhälfte unterziehen noch, da ich berauscht bin, sinnvoll handeln kann. Nun glaube ich aber, daß Joseph ständig und ohne auf irgendwelche Drogen zurückzugreifen vollen Gebrauch von seiner rechten und seiner linken Gehirnhälfte machen konnte. Ich glaube auch, daß wir »Weißen«, nachdem wir unsere »linken Hälften« zu nie dagewesenen Höhen entwickelt haben, in unterschiedlichem Maß den Gebrauch unserer rechten Hälften verlernt haben. Wir sind zwar ungeheuer weit im Denken, aber wir können nicht fühlen. Wir können Dinge nicht mehr intuitiv erfassen. (Sir Winston Churchill konnte eine Menge fühlen und erahnen – sein einfaches Hilfsmittel war eine Flasche Whisky, die er ständig bei sich trug und nach der er ziemlich oft griff. Er fühlte und ahnte genug, mehr noch als Hitler, der Abstinenzler war. Doch er gehörte zu den seltenen Menschen, die in der Lage sind, ihre linke Gehirnhälfte recht gut zu gebrauchen, während sie gleichzeitig auch ihre rechte zumindest bis zu einem gewissen Grad benützen. Aber Joseph, der Mann aus dem Busch, konnte das noch besser – und ohne Whisky.)

Aber halt! Wenn sie so intelligent sind, warum haben die Buschmänner dann nicht die Atombombe erfunden? Sie leben noch genau so wie vor einer Viertelmillion Jahren ihre Vorfahren, die Tiere an Höhlenwände in Nordafrika, Spanien und Frankreich gemalt haben; alles, was sie erfunden haben, waren vergiftete Pfeile und Bogen, und auch die gab es schon damals. Während einer Viertelmillion Jahre haben sie nichts erfunden. Selbst der Wurfspeer, den Joseph verbotenerweise besaß, war eine Anleihe von den Bantu. Kein Buschmann hat je Eisen geschmolzen.

Die Gründe, warum der altsteinzeitliche Mensch keine Atombombe erfunden hat, liegen erstens in genau dem Charakterzug begründet, der Joseph dazu veranlaßte aufzupassen, auf dem Weg zwischen seiner Hütte und dem Schafs-Kral keinen Zweig abzubrechen, und zweitens in der Tatsache, daß sich ihre »linken Gehirnhälften« nie übermäßig auf Kosten der »rechten Gehirnhälften« entwickelt haben.

Sie empfanden sich – und das gilt auch noch für die wenigen Überlebenden wie Joseph – völlig als Teil der Natur. Es wäre Joseph auch nicht für einen Augenblick in den Sinn gekommen, daß er über der Natur stünde. Er fühlte sich als Teil der Natur, genau so, wie er Schakale und Löwen als Teile davon betrachtete. Er stand auf der gleichen Stufe mit ihnen. Joseph hat mir viele Geschichten über die Legenden der Buschmänner erzählt; andere, die einer jener wenigen Missionare aufgezeichnet hat, denen es je gelungen ist, die außergewöhnliche, zur Hälfte aus Schnalzlauten bestehende khoi-san-Sprache zu lernen, habe ich gelesen. Aus ihnen geht ganz deutlich hervor, daß im Bewußtsein der Erzähler kein Unterschied zwischen dem Menschen und der übrigen Natur besteht. Die Tiere waren ebenfalls Menschen – und die Menschen Tiere; und alle waren Teile des großen Lebensstroms. Joseph interessierte sich für die Sterne und betrachtete auch sie als seine Brüder und Schwestern. Wie man liest, haben die Aborigines in Australien dieselbe Einstellung.

Doch wie brachte Joseph es dann fertig, seinen Wurfspeer in die Flanke einer Antilope zu schleudern, wie ich das oft beobachten konnte? Eben weil er wußte, daß er selbst ein Teil der Natur war und in ihr seine Rolle spielen mußte. Die Buschmänner sind Fleischfresser. Die Menschen, von denen die Höhlenzeichnungen in Altamira stammen, waren ebenfalls Fleischfresser. Und zeigen nicht viele dieser Zeichnungen Männer, die Speere auf große Tiere schleudern oder sie mit Pfeil und Bogen erlegen? Ich stelle mir vor, daß Joseph im stillen seinen Bruder, den Spießbock, um Verzeihung gebeten hat, als er den Speer schleuderte. Das Gebet, das er freilich nie in Worte gefaßt hätte, könnte etwa so lauten: »Die Lebenskraft bestimmt, daß deinesgleichen nach der Regenzeit das Gras abweiden und die Tsava-Melonen fressen, während der Trockenheit die trockenen grauen Blätter der kleinen Büsche kauen und mit den scharfen Hufen die Triebe ausgraben und fressen soll, um während der neunmonatigen Dürre Wasser zu bekommen; sie bestimmt, daß ihr diese Pflanzen zerstören sollt, damit sie Teil einer höheren Lebensform werden, und daß ich dich, meinen Bruder, töten und dein Fleisch essen soll, damit auch ich leben kann. Doch auch ich werde sterben. Vielleicht wird mich ein Löwe fressen oder vielleicht werden mich meine Kinder, wenn ich alt bin, in einem kleinen Dornengehege mit ein paar Straußeneierschalen voll Wasser, ein wenig Essen und mit meiner Frau, die mein Gefährte ist, zurücklassen, und wir werden sterben wie die meisten Buschmänner und wieder in den Kreislauf der Natur unseres Landes eingehen.«

Ich habe gehört, daß alte »wilde« Buschmänner und -frauen, die von ihrem Stamm auf der unablässigen Wanderung durch die Wüste zurückgelassen werden, weil sie nicht mehr Schritt halten können, sich damit zufriedengeben und den Tod glücklich lächelnd und frohen Herzens erwarten. Die Trennung von ihren jüngeren Verwandten ist ein Grund zur Freude, und die Nacht, bevor die jungen Leute sie zurücklassen, wird mit Gesang und Tanz verbracht.

Man könnte sich auf den Standpunkt stellen, daß das ganze Leben eine Vorbereitung auf den Tod sein solle. Die meisten »Weißen« fürchten den Tod und sehen ihm mit Schrecken entgegen, sogar die Christen, die davon ausgehen, daß er sie ins Paradies führt. Die Menschen haben grauenhafte Angst vor ihm. Wie ein Schatten schwebt er über ihrem ganzen Leben, mit Ausnahme der frühen Kindheit, in der sie noch nicht wissen, was der Tod ist. Die meisten Menschen im westlichen Teil der Erde schaffen es, den Gedanken an den Tod während des größten Teils ihres Lebens zurückzudrängen, indem sie sich ablenken lassen von ständig neuen Aktivitäten, Gelüsten, Begierden und deren Erfüllung. Vor lauter Machtgier, Machtkämpfen, rastloser Geschäftigkeit und tausenderlei Rauschmitteln vergißt die Menschheit den Tod. Natürlich sind auch Kriege und ihre Vorbereitung Beispiele für diese frenetische Suche nach etwas, was unsere Gedanken vom Tod ablenkt. Denken wir an den Gestank unserer Körper, wenn sie in ihren Särgen vermodern. Und wenn Körper in die Flammen der Einäscherungsanlage geschoben werden, richten sie sich, wie ich gehört habe, aufgrund spontaner Muskelkontraktionen abrupt auf, und die Gesichter verzerren sich entsetzlich. Ganz gleich also, wie man uns beseitigt – der Tod ist schrecklich.

Paradoxerweise ist es diese panische Angst vor dem Tod, die im westlichen Menschen den Todeswunsch weckt und ihn dazu bringt, Dinge wie die Atombombe zu erfinden. Ich habe Jahre mit Joseph verbracht (er war bei weitem der beste Freund, den ich je hatte) und bin ganz sicher, daß er keinerlei Angst vor dem Tod hatte, auch keinen Todeswunsch, und daß der Gedanke an den Tod ihn nicht im mindesten beunruhigt hat.

Einmal saßen Joseph und ich in einer kalten, mondlosen Nacht ein paar Meter von einem toten Esel entfernt auf der Erde, er mit seinem Speer und meinem Jagdgewehr. Wir saßen völlig ungeschützt, es war stockfinster, und wir hatten keine Taschenlampe. Wir wußten, daß der Esel (einer von fünfen) von drei Löwen gerissen worden war. Joseph wußte über diese drei Löwen genau Bescheid – lediglich aufgrund ihrer Spuren. Wir wußten, daß die Löwen zu ihrer Beute zurückkehren würden. Kein Weißer, der nicht leicht verrückt oder in Begleitung eines Mannes wie Joseph war, hätte in einer undurchdringlich dunklen Nacht wie dieser ohne jeglichen Schutz auf der Erde gesessen und auf einen Löwen gewartet. Ein Gewehr ist eine gute Waffe, aber sie nützt gar nichts, wenn man das Ziel nicht sehen kann. Löwen können wie Katzen in der Dunkelheit sehen. Ein Hieb mit dem Hinterlauf eines Löwen kann einem Mann die Gedärme aus dem Leib reißen. Wir haben in dieser Nacht auf eine Entfernung von genau drei Metern einen Löwen getötet, und ich erinnere mich noch gut, wie Joseph aufsprang, nachdem er ihm eine Kugel durch den Kopf gejagt hatte, und schrie: »Ein Mann mit einem guten Herzen braucht nichts zu fürchten!« Für ihn war es selbstverständlich, daß sein Herz gut war – was das der weißen Männer anging, war er sich allerdings weniger sicher.

Am nächsten Tag verfolgten Joseph und ich die beiden anderen Löwen über fünfundvierzig Kilometer durch die Grassteppe. Da das Trio den Herden meines Arbeitgebers großen Schaden zugefügt hatte, wollte auch ich sie töten. Joseph bei der Suche nach dem Weg zu beobachten, war seltsam. Er ging in der ihm eigenen mühelosen Art drauflos, richtete seine Augen gelegentlich auf den Boden und nahm offenbar jede Einzelheit in der Natur ringsum wahr, ohne daß ihm etwas entging; nicht ein einziges Mal verlor er die Fährte der Tiere. Einige Male stellte ich ihn auf die Probe, indem ich ihn fragte, woher er wüßte, daß wir noch immer auf der Fährte seien. Zunächst schaute er mich an, als hätte ich behauptet, einen unmittelbar vor mir stehenden Bus nicht zu sehen. War es denn tatsächlich möglich, daß ich nicht bemerkt hatte, daß dieses Blatt dort vor einer Stunde auf die Erde gedrückt oder dieser kleine Kiesel etwa zur selben Zeit umgedreht worden war (seine Unterseite hatte eine etwas andere Färbung als die der Sonne ausgesetzte Oberseite)? Und schau nur her, da in dieser kleinen Erdkuhle auf dem nackten Sandstein ist doch ein deutlicher Abdruck eines Teils der linken hinteren Tatze einer Löwin . . . Schau, das ist genau die Tatze, die, wie ich dir schon sagte, eine alte, verheilte Verletzung hat! Und er sah mich durchdringend und gleichzeitig verwundert an: War es tatsächlich möglich, daß ich so blind sein konnte?

Nach einiger Zeit legte sich seine Verwunderung. Wieder einmal war ihm klargeworden, daß ich, so gut wir uns auch verstanden, einfach einer anderen Spezies angehörte und blind war wie eine Fledermaus. Dann deutete er verächtlich auf einen wirklich offensichtlichen Löwentatzenabdruck auf einem Fleckchen Sand, auf dem man sogar die Spuren eines Gespenstes hätte erkennen können, nur um mich zu beruhigen, daß wir noch immer auf der richtigen Fährte waren.

Wir kamen an einen Wassertrog in der Nähe eines Farmhauses, wo die Löwen getrunken hatten. Ihre Spuren hatten sich tief in den Schlamm ringsum eingegraben. Wir waren ihnen auf geradem Weg fünfundvierzig Kilometer weit gefolgt. Joseph wußte aufgrund von hundert für mich unsichtbaren Anhaltspunkten genau, vor wie langer Zeit sie hier gewesen waren. Wir kamen zu dem Schluß, daß ihr Vorsprung immer größer wurde und wir ohnehin allmählich an den Heimweg denken mußten. Einholen würden wir die Löwen nie.

Die Kavalleristen der südwestafrikanischen Polizei pflegten Buschmänner als Fährtensucher anzuheuern, und sie haben mir oft bestätigt, daß sie, auch wenn sie sich die größte Mühe gaben, nie verstehen konnten, wie Buschmänner es anstellten, eine scheinbar unsichtbare Spur zu verfolgen, und daß auch die intelligentesten Weißen trotz aller Bemühungen nicht in der Lage waren, diese Kunst zu erlernen.

Natürlich ist, selbst im Hinblick auf die Ziele der Lebenskraft, das frühe Steinzeitalter dem industriellen oder technologischen Zeitalter auf hunderterlei Weise unterlegen. Die Buschmänner haben den Ansturm der Bantu-Stämme, die im Neolithikum, im Bronze- und Eisenzeitalter, über Afrika hinwegrollten, überlebt, wenn auch nur mit knapper Not. Doch jetzt, wo der Weiße auf den Plan getreten ist, sind die Aussichten entsetzlich düster. Vor dem Ersten Weltkrieg blühte der Handel mit Schädeln und Skeletten von Buschmännern. Sie wurden nach Europa geschickt, wo sie von Anthropologen untersucht oder in anthropologischen Ausstellungen gezeigt wurden. Jäger erschossen alle Buschmänner, -frauen und -kinder, die sie entdecken konnten, legten ihre Körper in die Nähe von Ameisenhügeln, um sie sauber abfressen zu lassen, bevor die Schakale die Knochen zerstören konnten, verpackten sie dann in Säcke und verfrachteten sie hinunter zur Walfischbai, von wo aus sie nach Europa verschifft wurden. In seinem Buch ›Twenty-five Years in a Wagon‹ berichtet Andrew Anderson eindrucksvoll von der Begegnung mit einer Buren-Familie in Natal. Der Mann hatte gerade einen Buschmann erschossen und seine Familie gefangen genommen. Er sperrte sie in eine Hütte ein und diskutierte dann mit seiner Frau darüber, ob es besser sei, sie zu erschießen oder als Sklaven zu halten. Die Frau plädierte für den ersten Vorschlag, der Mann für den zweiten, denn junge Buschmädchen sind sehr hübsch.

Heutzutage sind die Weißen sehr viel humaner. Einige Polizeikavalleristen haben mir erzählt, daß sie, wenn sie auf Buschmänner stoßen, die zu vollgefressen sind, um wegzulaufen, diese einfach mitnehmen und einsperren. Es dauert dann nur zwei bis drei Wochen, bis sie an Klaustrophobie sterben. Ein »wilder« Buschmann hält es nicht länger als eine Woche in einer Zelle aus. Natürlich kann man jeden »wilden« Buschmann einsperren, denn bereits aufgrund seiner bloßen Existenz begeht er eine Menge Vergehen. Nach dem südafrikanischen Gesetz darf er keine Waffen tragen – doch ohne Pfeil und Bogen kann er nicht leben. Das Gesetz verbietet den »Eingeborenen« zu »wildern«. Wild ist den Weißen vorbehalten. Jeder Polizist kann jeden »wilden« Buschmann einlochen, im festen Vertrauen darauf, daß er, erstens, das Gesetz übertritt und, zweitens, nach einer oder zwei Wochen in der Zelle krepiert, so daß es gar nicht nötig sein wird, ihn vor Gericht zu stellen.

Natürlich stimmt es, daß Buschmänner in der Vergangenheit gelegentlich auch das Vieh des Weißen Mannes gejagt haben. Aber schließlich hat der Weiße Mann alles Wild in den riesigen Landstrichen, die er sich unter den Nagel gerissen hat, vernichtet, so daß das Herdenvieh das einzige an Tieren war, was dem Menschen als Nahrung blieb. Doch mehr und mehr Buschmänner arbeiten inzwischen als Diener auf den Farmen der Weißen. Wenn die derzeitige Entwicklung anhält, wird es nicht mehr als ein oder zwei Jahrzehnte dauern, bis der altsteinzeitliche Mensch vollkommen von der Oberfläche dieses Planeten verschwunden ist.

Wenn ich sage, daß die Buschmänner ihre rechten Gehirnhälften nicht unterdrückt haben, indem sie ihre linken entwikkelten, dann will ich damit nicht den Eindruck erwecken, als seien sie nicht zur Vernunft oder zu sehr großer Intelligenz fähig. Ich habe nicht den geringsten Zweifel, daß der Buschmann in jeder Beziehung so intelligent ist wie Einstein. Ich erinnere mich, daß Clinton, mein Boß in Südwestafrika (das jetzt Namibia heißt), mir erzählt hat, daß ein etwa zwölf Jahre alter Buschjunge eine Windmühle aus Holzstöckchen gebaut hat, die sie aus den Büschen der Grassteppe schnitten. Wie hunderttausend richtige Windmühlen überall in den von Weißen vereinnahmten Gebieten Südafrikas funktionierte diese Windmühle perfekt und pumpte tatsächlich Wasser. Clinton sagte, es sei seine Idee gewesen, sie zu bauen, aber konzipiert und tatsächlich gebaut habe sie der Buschjunge. Und Joseph war ohne Zweifel der intelligenteste Mann, der mir je begegnet ist.

Doch warum können dann die wenigen übriggebliebenen altsteinzeitlichen Menschen ihre hohe Intelligenz nicht dazu benutzen, der Intelligenz des alles erobernden Weißen Mannes Widerpart zu leisten und auf diese Weise zu überleben? Liegt es nur daran, daß sie nicht kämpfen wollen? So lange man sie läßt, schwimmen sie im Strom der Natur – sie sind Natur, empfinden das so und kämen auch nicht einen Augenblick lang auf die Idee, etwas anderes zu sein. Der Weiße Mann hingegen will die Natur erobern, und da der Buschmann ein Teil dieser Natur ist, muß er eben auch erobert werden – vielleicht wird man ein paar in zoologischen Gärten halten, falls sie das überleben.

Aus all dem könnten wir schließen, daß die Lebenskraft tatsächlich über den altsteinzeitlichen Menschen hinweggegangen ist, daß es ihm »bestimmt ist«, auszusterben und die grenzenlose Steppe Männern mit Gewehren, Landrovern und Stacheldrähten zu überlassen.

Andererseits ist dieser Schluß vielleicht kurzsichtig. Vielleicht ist es durchaus nicht so bestimmt. Vielleicht ist vorgesehen, daß der technologische Mensch noch rechtzeitig genügend Zurückhaltung und Humanität entwickelt, um die Buschmänner, die Wilden von Borneo und die australischen Neger zu verschonen und sie weiterhin ihr jahrtausendealtes Leben auf ihre jahrtausendealte Weise führen zu lassen. Oder vielleicht kommt alles noch ganz anders. Vielleicht wird der Homo exstinctor, wie man ihn eigentlich nennen sollte, sich selbst zerstören, bevor es ihm gelingt, alle anderen Lebensformen zu vernichten, und die paar Überreste der altsteinzeitlichen Stämme, die es noch gibt, übriglassen. Und was das Überleben angeht – falls nur ein paar Exemplare des Homo exstinctor und ein paar Angehörige der Buschmänner-Rasse den Holocaust überstehen, so weiß ich recht gut, auf welche ich mein Geld verwetten würde. Als ein, wenn auch widerwilliges, Exemplar des Homo exstinctor, würde ich die erste Entwicklung bei weitem vorziehen. Und noch ist es denkbar, daß diese eintritt und wir doch noch alle überleben können.

Nun sollte dieses Kapitel sich mit dem Verhältnis zwischen dem altsteinzeitlichen Menschen und der übrigen Natur beschäftigen. Ich habe weitgehend mit Hilfe von Anekdoten versucht, die Einstellung des namibischen Buschmanns zur übrigen Natur zu vermitteln. Natürlich war Joseph als »zahmer« Buschmann, der Afrikaans sprach, kein typischer Vertreter, doch kannte ich ihn lange und gut genug, um einen sehr genauen Eindruck dessen zu gewinnen, was in einem Buschmann vorgeht.

Viele Missionare und ein paar Anthropologen haben herauszufinden versucht, welche Vorstellung von Gott die Buschmänner haben. Und die Buschmänner haben ihnen alles mögliche erzählt. Freilich besteht eine gewisse Übereinstimmung in ihren Aussagen – die Buschmänner glauben ganz eindeutig an einen »Großen Geist«, auch wenn die Anthropologen sie generell als Animisten abtun, weil sie bestimmte Bäume, Wasserstellen, Stöcke und Steine, den Mond, Schakale und andere Tiere verehren.

Joseph hatte als Sklavenjunge bei seiner Burenfamilie alles über den calvinistischen Gott erfahren. Ich habe keine Ahnung, was um Himmels willen er von Ihm hielt! Aber ganz sicher hatte er seine eigene Vorstellung von Gott. Und wenn wir schon alles mit einem Etikett versehen wollen, müßte ich sagen, er war Pantheist. Er glaubte, daß Gott in allem sei – und daß alles Gott sei. Das holländische Wort für Gott benützte er nur, weil er wußte, daß die Weißen das verstanden. Aber ich weiß mit Bestimmtheit, daß Joseph leidenschaftlich an eine göttliche Kraft glaubte – die Lebenskraft, wenn Sie so wollen –, und daß dieser Glaube allem, was er tat, was er sah und woran er glaubte, eine besondere Bedeutung verlieh.

Was Josephs Einstellung zur Handlungsweise der Weißen anging, so konnte ich mir das meiste nur zusammenreimen. Ich kann mich jedoch sehr lebhaft daran erinnern, daß mir Clinton einmal, als er eine Menge Gelatine-Dynamit von irgendwelchen Sprengungen überhatte (das Zeug wird »hochexplosiv«, wenn man es zu lange aufbewahrt), auftrug, es loszuwerden, indem ich ein paar Termitennester in die Luft jagte. Joseph, der das mitansah, machte kein Hehl daraus, daß er das abscheulich fand und zutiefst mißbilligte.

Natürlich schaden die Termiten oder weißen Ameisen der Arbeit der Weißen. Sie fressen Holz. Und freilich wußten wir Weißen damals nichts von der entscheidenden Rolle, die die

Termiten in der Ökologie der Tropen spielen. Sie vernichten abgestorbenes Holz, das sonst in dem trockenen Klima, das keine Verwesung zuläßt, jahrzehntelang herumliegen würde oder, was schlimmer wäre, Feuer im Busch entfachen könnte. Da stand ich nun, ich allwissender, allmächtiger Weißer Mann, und handelte zweifellos im krassen Widerspruch zur Lebenskraft, und neben mir stand Joseph, der »ungebildete« Wilde, und wußte ganz genau, fühlte genau, daß das, was ich tat, falsch und unsinnig war. Und er ließ es mich noch nicht einmal spüren! Allmählich bekam ich den Eindruck, daß Joseph wußte, daß Afrika sich zumindest für einige Zeit mit dem Weißen Mann abfinden mußte und daß dieser eine Macht darstellte, die Böses anstatt Gutem bewirkte. Damals habe ich das selbst empfunden – heute weiß ich es.

Können wir uns die Frage stellen, welchen Zweck im Sinne der Lebenskraft Joseph und seine Stammesgenossen erfüllen? Wäre es besser für die Ziele der Lebenskraft gewesen, wenn die gesamte Menschheit auf dieser Entwicklungsstufe stehengeblieben wäre?

Der altsteinzeitliche Mensch hat so wenig in die übrige Natur eingegriffen, daß er sie weder zum Besseren noch zum Schlechteren verändert hat. Er spielte im Gleichgewicht der Natur eine verdienstvolle Rolle, wenn auch keine große. Man kann sich vorstellen (zumindest aus unserer anthropozentrischen Sicht), daß es gut war, daß das wimmelnde Leben auf diesem Planeten Selbst-Bewußtsein entwickelt hat – und damit etwas, das sehen und sich wundern und in Staunen und Ehrfurcht vor der ungeheuren Schönheit der Welt stehen kann, Gestalt angenommen hat. Man könnte sich fragen, welchen Sinn denn diese Pracht und Schönheit hat, wenn keiner sie wahrnimmt und niemand sie ehrfürchtig bestaunt. Joseph, der einzige altsteinzeitliche Mensch, den ich sehr genau kennengelernt habe, hatte eine erstaunliche Empfänglichkeit für diese Dinge. Ständig hat er mich auf die Schönheit und die Wunder der Natur hingewiesen. Er hat sehr viel mehr gesehen als ich, hat tiefer gesehen und stärker empfunden. Er war sein ganzes Leben lang »high«.

Ist das Grund genug für das Sein? Ist es nicht großartig, daß die Lebenskraft, nachdem sie die Sterne und Planeten hervorgebracht und einen Planeten mit grünendem Leben von ungeheurer Komplexität und Schönheit ausgestattet hat, auch die Fähigkeit geschaffen hat, daß Leben sich selbst betrachtet und in ehrfürchtiger Verwunderung vor seiner eigenen Schönheit steht? Ist das nicht genug?

Wieder kann ich die Frage stellen. Eine Antwort darauf weiß ich nicht.

## Kapitel 5
## Der jungsteinzeitliche Mensch

> Die Erde aber ist gütig, mild, nachsichtig, den Bedürfnissen der Sterblichen stets dienstbar ... Was spendet sie freiwillig, welche Genüsse für Geruch und Gaumen, Geschmack, Gefühl und Farbempfindung! Mit welcher Treue erstattet sie Anvertrautes mit Zins zurück!
>
> Plinius*

Wenn Joseph und ich durch die Grassteppe wanderten und großen Durst bekamen – die Luft in diesem Land ist heiß wie in einem Hochofen – entdeckte er eine kleine, sich über den Boden windende Kriechpflanze. Mit seiner Speerspitze grub er dann ein Loch in die darunterliegende Erde und brachte ein Gewächs etwa von der Größe einer Melone zum Vorschein. Dieses zog er heraus, und abwechselnd saugten wir seinen Saft aus. Er schmeckte abscheulich, aber einmal hat er uns vielleicht das Leben gerettet. Ich mochte ihn noch weniger als die paar Liter guten, reinen, wenn auch leicht säuerlichen und warmen Wassers, die wir im Pansen eines jeden Spießbocks fanden, den wir erlegten. Ich habe oft davon getrunken, und jetzt noch erinnere ich mich an diesen Geschmack.

Besonders interessierte mich das, was Joseph als »Buschmann-Weizen« bezeichnete, weil ich damals das Gefühl hatte – und noch heute habe –, daß gerade diese Erfindung oder Entdeckung zu der nächsten großen Veränderung im Verhältnis der Menschheit zur übrigen Natur geführt hat.

Es gibt eine bestimmte Ameisenart, die Grassamen in großen Mengen zusammenträgt. Sie schaffen sie unter die Erde, lassen sie Schimmel ansetzen (tatsächlich »impfen« die Ameisen die Samen mit dem entsprechenden Schimmel) und leben darauf. Die Vorfahren der Buschmänner fanden heraus, daß sie diese Samen sammeln, zwischen zwei Steinen zerreiben, auf einem flachen Stein rösten und essen konnten. Und das nannte Joseph dann »Buschmann-Weizen«.

Ich bin fest davon überzeugt, daß der Mensch durch diese

* Gaius Plinius Secundus der Ältere: Historia naturalis (Naturgeschichte) LXIII, 155.

von Ameisen gesammelten Grassamen den Ackerbau entdeckt hat. Natürlich hätten die Menschen früher oder später beobachtet, daß so ein Grassamen, der zur Regenzeit auf die Erde fällt, treibt. Unter geeigneten Bedingungen wäre er gewachsen, hätte selbst Samen ausgestreut und wäre dann gestorben. Genügend Samen für eine Mahlzeit von den spärlich wachsenden Halmen der Buschsteppe zu sammeln, wäre eine wenig lohnende Angelegenheit gewesen, aber wenn die Buschmänner den Ameisen ein oder zwei Pfund bereits zusammengetragene Samen wegnahmen und sie versehentlich an einem feuchten Ort vergaßen, wuchs dort das Gras in solcher Dichte, daß sich die Ernte der auf diese Weise entstehenden Samen gelohnt hätte. Auf diese Weise entstand der Ackerbau.

Und irgendwann vor etwa zwanzigtausend Jahren – ein Augenblick in der geologischen Zeitrechnung – entstand dann auch der Weizen. Dies war eines jener scheinbar wundersamen Beispiele für eine symbiotische Entwicklung, die die Beschäftigung mit dem Leben so unendlich faszinierend machen. Eine bestimmte Grassorte brachte Ableger hervor, die eine Mutation durchmachten, »Freaks« mit einem anderen Wort. Sie hatten die falsche Anzahl Chromosomen. Hätte man diese mutierte Form sich selbst überlassen, wäre sie schnell ausgestorben, weil ihre Samen viel zu schwer waren, um vom Wind weitergetragen zu werden und es keine andere Möglichkeit der Verbreitung gab. Viele Grassamen haben Vorrichtungen, um sich an Tieren festzuhängen (Gerste zum Beispiel), andere sind so leicht, daß sie vom Wind transportiert werden, andere Kornarten wiederum lassen ihre Köpfe so weit überhängen (etwa Hafer), daß die Samen ein Stück von der Mutterpflanze entfernt auf frischen Boden fallen oder mit Hilfe des Windes noch weiter fortgetragen werden. Doch diese neue Spezies, der Weizen, hatte keine Möglichkeit, seine Samen irgendwie auszustreuen. Kümmert man sich nicht darum, läßt selbst die primitivste Weizenart ihre Samen einfach in einem Häufchen rund um den Halm der Mutterpflanze fallen. Und so kann sie nicht überleben. Überläßt man Weizen – unsere modernen Sorten ebenso wie die primitivsten, die es je gegeben hat – sich selbst, stirbt er ganz einfach aus. (Eine andere Pflanze, die auf den Menschen angewiesen ist, ist der Mais.)

Was den Weizen rettete, war der Mensch. Die Mutation fand just zu der Zeit statt, als der Mensch den Ackerbau entdeckt hatte. Für den Menschen war dies das vollkommene Getreidenahrungsmittel: leicht zu säen, leicht zu ernten, leicht zu dreschen (der Samen hat keine Hülle), leicht zu mahlen, leicht zu backen und wohlschmeckend. Und umgekehrt war für den Weizen der Mensch der perfekte Verteiler. Hat irgendeine Pflanze je einen besseren Weg zur Verteilung ihrer Samen gefunden als ein Tier, das die Samen in der richtigen Tiefe und genau im richtigen Abstand in frische und gedüngte Erde verteilt und dann die wachsende Saat sorgsam hegt und pflegt?

Weizen plus Mensch ist gleich Zivilisation.

Und die Pflanze, das Tier und das Verfahren breiteten sich langsam über die Landoberfläche des Planeten aus. (In den Monsunländern Asiens erfüllte Reis im Prinzip denselben Zweck.)

Der »wilde« Buschmann bringt seine Zeit mit Jagen, Essen, Verdauen und Tanzen zu. Er schläft, während er verdaut. Eine Gruppe von Buschmännern erlegt einen Spießbock (normalerweise, indem sie ihn aus sehr geringer Entfernung mit einem winzigen, vergifteten Pfeil erschießt, wenn er an einer Wasserstelle trinkt), entzündet ein Feuer und geht daran, die Gedärme, das Fleisch, Magen und Innereien, das Knochenmark und manchmal sogar die Haut mehr zu verkohlen als zu kochen. Dann essen sie, bis ihre Bäuche aufgebläht sind wie Ballons. Sie schlafen und essen und schlafen und essen. Und wenn alles Fleisch verzehrt ist, bekommen sie Hunger und gehen wieder auf die Jagd. Gibt es kein Wild in der Nähe, sammeln sie ihre bescheidene Habe ein, ziehen weiter durch die Grassteppe und halten danach Ausschau. Diese Menschen haben wahrhaftig keine »feste Bleibe«.

Mit dem Ackerbau wurde alles anders. Wenn man Getreide anbaut, muß man sich darum kümmern und es schließlich ernten. Man muß am selben Ort bleiben. Das bedeutet den Bau von Hütten und letztlich die Entstehung eines Dorfes. Und dies wiederum ermöglicht die Anhäufung von Besitztümern.

Die Buschfrau hat einen Beutel aus Tierhaut und ein Antilopenhorn bei sich. Der Spießbock hat lange, gerade und nadelspitze Hörner, die einem Hund die Eingeweide aus dem Leib reißen können. Jede »wilde« Buschfrau hat eines dieser Hörner als Stock zum Graben bei sich, und es erfüllt seinen Zweck vortrefflich. Der Beutel dient dazu, die Nahrungsmittel, die sie in der Grassteppe sammelt, aufzunehmen – sie werden von Schwarzen und Weißen gleichermaßen als veld-kos bezeichnet. Veld-kos besteht aus Knollen oder beblätterten Trieben, die in der Buschsteppe unter der Erde zu finden sind. Wenn das Fleisch knapp ist, essen die Menschen veld-kos – haben sie Wild erlegt, geben sie dem natürlich den Vorzug.

Der Buschmann trägt seinen Bogen, einen Köcher mit Pfeilen, der über der Schulter hängt, manchmal ebenfalls einen Ledersack und ein paar Kleinigkeiten mit sich, etwa einen kleinen Beutel mit Pfeilgift (das eine wird von einem Käfer, das andere aus einer Pflanze gewonnen), einige Talismane und Perlen. Männer wie Frauen tragen ein Band um die Taille, an dem vorne und hinten Lederstücke hängen. Dem ältesten Mann in jeder Sippe bleibt es vorbehalten, an jedem neuen Lagerplatz ein Feuer zu entzünden. Das geschieht, indem er einen Holzstock mit einer Bogensehne reibt, so daß sie sich ins Holz gräbt. Auf diese Weise entsteht Feuer.

Der echte »wilde« Buschmann baut niemals eine Hütte. Er errichtet einen sehr groben Unterschlupf oder Windschutz und schläft oder hockt in seinem Schatten. Ich bin ganz sicher, daß er nicht deshalb keine Hütten baut, weil er es nicht könnte – sondern weil er es nicht will. Der echte Buschmann will keine Besitztümer. Er hat gerne ein Messer, wenn er eines bekommen kann. (Wenn ich ihn als Steinzeitmenschen betrachte, lasse ich die Tatsache außer acht, daß er in sehr kleinem Umfang Handel mit den Bantu oder den Weißen treibt, um Dinge wie Messer und eiserne Speerspitzen zu bekommen. Allerdings tragen nur sehr wenige Buschmänner tatsächlich Speere. Joseph war da eine Ausnahme.) Er braucht die paar Dinge, die ich oben aufgezählt habe und die er sich alle sehr leicht selbst im Busch, in dem er sich bewegt wie ein Fisch im Wasser, beschaffen kann; etwas anderes will er überhaupt nicht. Höchstens ab und zu ein paar Schalen von Straußeneiern, die er zum Wassertragen benützt. Manchmal füllt eine Gruppe Buschmänner (während der Regenzeit) eine Anzahl Straußeneier mit Wasser, verklebt die Löcher mit Kautschuk und vergräbt sie. Wenn die Leute dann während der Trockenheit an diesen Ort zurückkommen, wissen sie, daß es dort Wasser gibt.

Wie anders sieht doch das Leben eines Ackerbauern aus!

Zunächst einmal braucht er Besitztum. Ohne Zweifel dienten ihm die Hörner der Spießböcke oder Wildgeweihe in nördlichen Breiten als Stöcke zum Graben, bis er lernte, aus feuergehärtetem Holz bessere herzustellen. Dann lernte er, Holzstöcke mit einer Steinspitze zu versehen. Als nächstes brauchte er eine Sichel, die er aus einem Stück Holz anfertigte, in das er spitze Kiesel setzte.

Mit der Weiterentwicklung des Ackerbaus benötigte er mehr und mehr Geräte. Nachdem er zunächst Zweige über den Boden schleifte, um die Erdschollen zu glätten, erfand er bald die Egge. Die jungsteinzeitlichen Eggen bestanden aus sorgfältig gearbeiteten hölzernen Gittern, und zweifellos gibt es sie noch, denn irgendwo auf dieser Welt leben noch immer Menschen auf jeder Stufe der menschlichen Entwicklung. Im Augenblick beschäftigen wir uns mit dem Neolithikum. Und auch heutzutage gibt es noch viele Völker, die genau auf dieser Entwicklungsstufe leben – und dabei glücklich sind.

Noch andere Besitztümer brauchte der neusteinzeitliche Mensch, nämlich Kriegsgerät. Nicht nur kleine Pfeile und Bogen für die Jagd auf Wild (es hat keinen Zweck, im Kampf auf einen Feind vergiftete Pfeile abzuschießen, denn all diese Gifte wirken erst nach Stunden, und der Gegner hätte einen getötet, lange bevor er selbst stirbt). Auch Speere, Schilde, Keulen (in Südafrika hießen sie kirries, in Ostafrika rungu) und Wurfäxte wurden notwendig. Der Krieg hatte begonnen.

Die Gründe dafür liegen auf der Hand. Zunächst einmal hatten die Menschen jetzt etwas, was sich zu stehlen lohnte. Kein Buschmann wird dem anderen Pfeil und Bogen wegnehmen, weil er sich beides ohne weiteres selbst machen kann. Es heißt, es gäbe kleine Kämpfe oder Streitereien zwischen Gruppen von Buschmännern, doch sie führen wahrscheinlich so gut wie nie zum Tod. Außerdem praktizieren die Buschmänner eine höchst wirksame Form der Geburtenkontrolle. Die Mütter stillen nicht nur, sondern tragen ihre Babys zwei bis drei Jahre nach der Geburt noch immer mit sich herum. Während dieser Zeit ist Geschlechtsverkehr streng verboten. Auch die Erfordernisse des nomadischen Jägerlebens tragen wohl dazu bei, daß es relativ selten zum Zeugungsakt kommt. Außerdem verbringen die »wilden« Buschmänner, soweit ich gesehen habe, die meisten Nächte mit Tanzen, so daß ihnen ohnehin nicht viel Zeit für etwas anderes bleibt! Also bestand nur dann die Notwendigkeit zum Kampf, wenn sich zwei Sippen gegenseitig das Territorium streitig machten, und das geschah wohl selten, weil die Bevölkerung so klein war. Wahrscheinlich ist es überhaupt nie vorgekommen, bevor die Bantu des Neolithikums oder Bronzezeitalters vom Norden herunterdrängten und sich der Jagdreviere der Buschmänner bemächtigten.

Mit dem Ackerbau hat sich dies sehr schnell verändert.

Menschen, die sich niederlassen, die abgeschieden in Häusern leben und genug zu Essen haben, vermehren sich. Sie mögen es, wenn überall kleine Kinder herumlaufen. Die Bevölkerung begann zu wachsen. Außerdem gab es jetzt etwas, was man stehlen konnte. Man erntete Getreide, speicherte es und legte Vorräte an. Für Menschen, die am Verhungern waren, bestand natürlich die große Versuchung, diese Vorräte zu plündern. Außerdem kann man sich gut vorstellen, daß mit der zunehmenden Anzahl von Menschen, die ansässig wurden, der Streit um den fruchtbarsten Boden ausbrach. Und davon gab es nicht sehr viel. Es ist eine mühsame Angelegenheit, Bäume mit Steinäxten zu fällen und das Land zu roden. Also war die Nachfrage nach unbewachsenem Boden groß. Der Krieg begann, und man brauchte Waffen.

Natürlich haben die ersten Ackerbauern das Jagen nicht ganz aufgegeben. Noch immer zogen sie aus, um zu jagen und Nahrungsmittel zu sammeln. Noch immer holten sie Honig von den wilden Bienen. Doch jetzt zogen sie in weitaus größeren Scharen aus. Buschmänner gehen selten zu mehr als einem Dutzend; allerhöchstens ein paar Dutzend. Ein Landstrich, auf dem eine solche Gruppe jagen und sammeln kann, reicht jedoch nicht für eine größere Anzahl Menschen aus, die an einem Ort lebt. Doch die wachsenden Getreidevorräte ermöglichten die Entstehung größerer Gemeinschaften und den Bau großer Dörfer.

Gleichzeitig bedeutete die große Menschenanzahl Sicherheit. Wenn es ums Kämpfen und Plündern ging, gewannen für gewöhnlich die größeren Gruppen. Und so begann die Politik; und die Disziplin. Die Gemeinschaft, die ihrem Anführer gehorchte, überlebte; die, die keine Gesetze kannte, verlor den Kampf. So entwickelte sich eine Stammesorganisation. Menschen, die dieselbe Sprache sprachen, schlossen sich in zunehmendem Maß unter einem Anführer zusammen. Das bedeutete Sicherheit und Erfolg im Kampf. Die meisten schwarzen Völker Afrikas stehen derzeit auf dieser Entwicklungsstufe. Der Grund, warum der Nationalstaat nach westlichem Vorbild in Afrika so schwer zu erreichen ist, ist folgender: Die Bantuvölker Afrikas (und die Niloten, Hamiten, Halb-Hamiten und all die anderen) sind in erster Linie Stammesangehörige, und kein Stammesangehöriger wird in einer Wahl gegen seinen Stammesbruder stimmen. Also entspricht die Regierung eines afrikanischen Nationalstaates fast immer der Regierung eines Majoritäts-Stammes über die anderen. Die Leute jammern darüber und halten es für eine schlimme Sache. »Die Stammesbarrieren müssen weggeräumt werden«, sagen sie. Aber natürlich sollte man sie nicht aus dem Weg räumen, sondern sogar stärken. Denn sie stellen die größte und positivste Kraft in Afrika dar. Alle Stammesbezirke sollten sich selbst verwalten können und nur so weit bundesstaatlich organisiert werden, um sie daran zu hindern, sich gegenseitig zu bekämpfen. Das Ergebnis wäre politische Harmonie.

Doch was ist aus dem Vorsatz dieses Kapitels geworden, die Einstellung des neolithischen Menschen zur übrigen Natur zu untersuchen?

Durch die Entdeckung des Ackerbaus hat die Menschheit ihr Wissen über die übrige Natur enorm erweitert und ihre Zuneigung zu ihr vergrößert. Der Mensch blieb zwar noch immer ein Jäger, Fischer und Sammler, wurde aber gleichzeitig ein Bauer. Plötzlich fand er heraus, daß er zu seinem Vorteil in die übrige Natur eingreifen konnte.

Natürlich greift auch der Buschmann, der einen Spießbock schießt, in die übrige Natur ein, aber das geschieht auf sehr direkte und nicht planmäßige Art. Sein Handeln hat keine spürbaren ökologischen Auswirkungen: Der Tod eines von Tausenden von Antilopenböcken ändert nichts am ökologischen Gleichgewicht der Region. Doch sobald die Hacke, die Axt – wenn auch nur eine steinerne – und Feuer auf den Plan kamen, wurde der Mensch wirklich allmählich zu etwas Besonderem. Er konnte sogar die Landschaft verändern. Er konnte entscheidend in das Gleichgewicht anderer Arten eingreifen. Er konnte sich selbst vermehren, bis er zu zahlreich war, als daß die Biosphäre in seinem Umkreis ihn noch leicht hätte ernähren können. Und als dies geschah, mußte er diese Biosphäre noch mehr verändern, mußte mehr Wald abholzen, mehr Boden roden, mehr Wild ausrotten, weil es seine Ernte fraß, und mehr »Unkraut« vernichten.

Als nächstes domestizierte er dann Tiere. Der »wilde« Buschmann der Kalahari und der Wüste Namib hat noch nicht einmal Hunde. Joseph lieh sich immer drei Hunde von seinen Bergdama-Nachbarn aus, um den Spießbock zu stellen, den er dann mit seinem Speer oder ich mit meinem Gewehr erlegte.

In der Neusteinzeit begann der Mensch, die Landschaft zu formen. Die quadratischen Felder, deren Spuren wir noch heute auf den Kreidekalkhügeln an der südenglischen Küste sehen können, wurden von den Menschen der Jungsteinzeit angelegt. Nachdem sie zwar den Pflug erfunden hatten, aber noch kein

Streichbrett, um die Erdscholle umzuwenden, mußten sie Querpflügen. Das heißt, sie pflügten mit ihrem zugespitzten Stock zunächst in einer Richtung und dann ein zweites Mal im rechten Winkel dazu, um die Erde entsprechend aufzulockern und damit ein Saatbett zu bekommen. Und aus diesem Grund legten sie auch quadratische Felder an.

Ich glaube, daß dieser Faktor zu einer völlig veränderten Sicht des Universums geführt hat.

Die Bantu in Ost-, Zentral- und Südafrika kannten keinen Pflug, bevor der Weiße Mann kam. Nachdem die Männer die im Weg stehenden Bäume gefällt und verbrannt hatten, bearbeiteten die Frauen den Boden mit der Hacke. Welche Form ihre Felder hatten, war völlig egal. Ich habe Tausende und Abertausende von Feldern in Afrika gesehen, die von Menschen, die keinen Pflug hatten, angelegt worden waren. Nicht ein einziges war quadratisch; ich erinnere mich auch an keine geraden Linien – überhaupt an wenig Ecken – und ganz sicher an keinen einzigen rechten Winkel. Offenbar hatten diese Menschen keinerlei Vorstellung von einer Form mit geraden Seiten.

Anders verhielt es sich mit dem Kreis. Die selbstverständliche Form für eine Hütte aus Gras und Zweigen oder aus Lehm und Zweigen ist rund. Die meisten Afrikaner, die ich traf, errichteten die Wände ihrer Hütten in Form eines perfekten Kreises, fügten dann das Gerüst für das Dach am Boden zusammen, deckten es und hoben schließlich das fertige Dach auf die Wände. Schon aus diesem Grund war es wünschenswert, daß sowohl Wände wie Dach genau kreisförmig waren; sonst hätten sie nicht aufeinandergepaßt. Die Zulus in Südostafrika, ebenso die Swazis und ein paar andere Stämme bauen eindrucksvolle kuppelförmige Hütten; sie haben zwar keine Dächer im eigentlichen Sinne, sind aber trotzdem kreisrund. Der Kreis ist die natürliche Form für eine gedeckte Hütte. Außerdem verwenden diese Menschen Kürbisschalen als Flüssigkeitsbehälter. Diese sind rund. Als sie dann das Töpfern erfanden, waren ihre Gefäße und Töpfe natürlich auch wieder rund. Ich habe sagen hören, daß die Afrikaner in Kreisen denken. Jeder Bantu-Afrikaner, der mir begegnet ist, kann einen absolut runden Kreis in den Sand oder mit Bleistift auf ein Blatt Papier zeichnen. Bittet man ihn aber, ein Quadrat zu zeichnen, wird das Ergebnis höchst eigenartig ausfallen – es sei denn, er hat eine Missionsschule besucht.

Man mag einwenden, daß dies recht nebensächlich ist und

nichts mit dem Vorhaben dieses Kapitels zu tun hat, nämlich die Einstellung des neolithischen Menschen zur übrigen Natur zu untersuchen. Aber ich bin da nicht so sicher. Gerade Linien sind in der Natur selten, außer sie werden von jenem natürlichen Phänomen – dem Menschen – hervorgebracht. Der rechte Winkel existiert so gut wie nicht. Die Erde ist ein Globus; desgleichen die Himmelskörper. Ich frage mich, ob es nicht möglich ist, daß der Mensch, als er in geraden Linien und rechten Winkeln zu denken und zu fühlen begann, einen großen Sprung in Richtung auf eine Trennung von der übrigen Natur gemacht hat – einen Sprung, der zu der Vorstellung führte, daß er nicht ein Teil der Natur sei, sondern etwas ganz anderes.

Der von Tieren gezogene Pflug war eine Erfindung der Jungsteinzeit – eine natürliche Folge der Domestizierung von Tieren –, und der Pflug machte die gerade Linie erforderlich. Natürlich kann man im Bogen pflügen – und die Welt wäre sicher schöner, wenn mehr Leute das täten, denn dann würde entlang der Bodenformen gepflügt, was gleichzeitig die Erosion, die unsere Erde zerstört, verhindern hülfe. Aber offenbar pflügt man in geraden Linien – und am liebsten noch auf ebenem Boden. Die gerade Linie ist also eine jungsteinzeitliche Erfindung. Und wenn man dann noch wie die neolithischen Bauern, und wie noch heute Millionen indischer und ägyptischer Ackerbauern, einen Hakenpflug benutzt, ist es wünschenswert, querzupflügen. So wird das quadratische Feld, das unsere Archäologen als Lynchet bezeichnen, zur Regel. Der Mensch hat das Quadrat erfunden. Es ist ihm in der Tat vom Ackerbau aufgezwungen worden. Von da ist es kein großer Schritt mehr zu quadratischen oder rechteckigen Häusern. Der Mensch entfernt sich zusehends weiter von der Natur.*

* An dieser Stelle ist es von Interesse – auch wenn das möglicherweise keinerlei Bedeutung für unser Thema hat –, daß der technologische Mensch in einzelnen Fällen zum runden Feld zurückkehrt. In Libyen und anderen flachen Wüstengegenden werden zur Bewässerung tiefe Löcher gebohrt und das Wasser mit Hilfe riesiger, sich drehender Sprüharme auf die Felder verteilt. Und diese bewässern natürlich Kreise. Das Pflügen und die übrige Feldbestellung geschieht sinnvollerweise in Spiralen; daraus ergibt sich ein Bebauungsmuster, das aus einander berührenden Kreisen und den dazwischenliegenden etwa dreieckigen, unbewässerten und unbebauten Bodenabschnitten besteht. Ich habe mir oft überlegt, daß eine gute Möglichkeit zur Bebauung einer großen Ebene, ob ursprünglich bewaldet oder nicht, die Anlage von kreisrunden Feldern wäre, wobei in den kleinen Zwischenstücken die Bäume stehengelassen oder welche gepflanzt werden könnten. Gehöfte könnten in kleineren Kreisen in der Mitte der Felder

Die Auswirkungen der neusteinzeitlichen Neuerungen auf die Vorstellung des Menschen von der restlichen Natur waren einschneidend.

Zum einen wurde die Religion erfunden. Nicht die naturbezogene, animistische Religion meines Freundes Joseph und seiner Stammesbrüder, die das ganze Universum als göttlich und bedeutungsvoll empfanden und wußten, daß es irgendeine Macht oder Kraft gab, die die gesamte Natur, sie eingeschlossen, lenkte, sondern von Priestern erfundene und organisierte Religionen. Das Priestertum wurde erfunden. Die neue Disziplin, die infolge seßhafter und gegeneinander kämpfender Gemeinschaften notwendig wurde, konnte durch Priester erheblich gestärkt werden.

Priester waren von der Arbeit dispensiert und hatten Zeit, nachzudenken, die Sterne zu beobachten und andere Bereiche der Natur zu studieren. Das verschaffte ihnen großen Einfluß, der sie in die Lage versetzte, den anderen Menschen, die für nichts dergleichen Zeit hatten, ihren Willen aufzuzwingen. Indem sie Mythen erfanden, die Hoffnung auf den Himmel erweckten und die Schrecken der Hölle in Aussicht stellten, konnten sie die Leute weitgehend dazu bringen, das zu tun, was sie wollten.

Natürlich gab es auch Anführer – und mit zunehmender Gebietsausdehnung auch Könige –, denen die Priester grundsätzlich unterstanden. Manchmal vereinigten sie sogar beide Rollen auf sich: sie waren Priesterkönige. War das nicht der Fall, hatten sie zumindest das Heft in der Hand, wie König Heinrich II. (1133–1189) bewies, als er vier seiner Ritter aussandte, um Thomas Becket zu töten. Für die Priester zahlte es sich aus, den Königen zu gehorchen – und für diese lohnte es sich, sich um die Priester zu kümmern. Zusammen bildeten sie ein unbesiegbares Gespann und konnten die Menschen vollkommen beherrschen. Die Priester nahmen die lokalen Schutzgottheiten, die in der Vorstellung der steinzeitlichen Menschen in Höhlen und Bergen, Seen und Flüssen wohnten, und verwandelten sie in mächtige und gefährliche übermenschliche Wesen, die man fürchten und sich geneigt machen mußte. Ihre Gunst zu gewin-

liegen. Alle Feldarbeit könnte spiralenförmig verrichtet werden, wodurch man sich das Umdrehen am Ackerrain ersparen würde. Aber der westliche Mensch ist inzwischen so daran gewöhnt, in geraden Linien und Rechtecken zu denken, daß er so etwas höchst wahrscheinlich gar nicht ausprobieren würde.

nen bedeutete fast immer, den Priestern Lebensmittel oder Geld zu geben. Ich habe mich in einigen Hindutempeln mit einer Kokosnuß in der Hand angestellt, die ich – den Priestern – für gutes Geld abgekauft hatte, um sie scheinbar einem Gott, tatsächlich aber den Priestern zu opfern; sie brachen sie auf, schütteten die Milch in ein Gefäß, tranken sie und aßen auch das Fleisch. Und natürlich hatten die Priester die Kokosnüsse denen, die sie anpflanzten, ohnehin nicht abgekauft, sondern sie als Gabe erhalten.

Zweifellos stellte die Kombination von Priester und König eine ungeheure Macht dar, und nur selten in der menschlichen Geschichte ist es einem Normalsterblichen gelungen, sich ihr zu entziehen.

Natürlich brauchen die Menschen Autorität, sie brauchen Disziplin. Wie sonst könnten sie Streit um ihre Äcker vermeiden oder sich gegen Feinde zur Wehr setzen?

Und noch eine Entwicklung brachte die neusteinzeitliche Epoche mit sich, die schneller als alles andere zu einem zentralisierten Staatswesen führte: die Bewässerung.

Im nördlichen Dschungelgebiet von Sri Lanka gibt es überall Kulams. Das sind kleine Tanks, wie die Weißen vor Ort sie nennen – tatsächlich aber nichts anderes, als kleine Erdwälle, innerhalb derer eine bestimmte Wassermenge gespeichert wird. Dieses Wasser wird zur Bewässerung der Felder benützt und ermöglicht den Anbau von Nahrungsmitteln in diesem sehr trockenen Wald.

Es stimmt, daß es in diesem nördlichen Dschungelgebiet Bauern gibt, die ohne Bewässerung auskommen – indem sie Bäume abholzen und verbrennen, ein Verfahren, das man dort als Chena bezeichnet. Als die Briten die Insel beherrschten, unterbanden sie diese Form der Bewirtschaftung. Das Ergebnis war grauenhaft: Tausende von Menschen verhungerten, weil sie das Land nicht so bestellen konnten, wie sie es eben verstanden. Zu jener Zeit kannte man keine »Almosen«. Tatsächlich ist die Chena-Bewirtschaftung für die übrige Natur überhaupt nicht schädlich, vorausgesetzt, daß sich die Bevölkerungsstruktur nicht ändert: Die Felder werden dem Dschungel entrissen, bleiben nach ein paar Jahren brach liegen (nicht, weil die Nährstoffe erschöpft wären, sondern weil sie von Unkraut überwuchert werden) und werden bald wieder zu Dschungel. Und wenn die Bebauer nicht zu früh zurückkommen (der kürzestmögliche Zeitraum beträgt etwa dreißig Jahre), erleidet der Boden keinerlei Schaden. Genau dieser Boden aber ist wichtig für die Lebenskraft – von ihm hängt alles Leben auf der Erde ab. Ich beziehe mich hier auf den trockenen Chena-Dschungel von Nord-Ceylon, nicht auf die Regenwälder des Amazonas.

Bewässerung ist ein völlig anderes Kapitel. Die Menschen errichten kleine Kulams oder Erddämme, die ausreichend Wasser für eine Familie oder ein Dorf speichern, bauen in ihrer Nähe eine Wohnstatt für die Familie oder das Dorf und führen – notgedrungen – ein sehr seßhaftes Leben. Nachdem sie so viel Energie und Arbeit aufgewendet haben, können sie nicht einfach weiterziehen. Sie müssen die Fruchtbarkeit des bewässerten Bodens unterhalb der Kulams erhalten und lernen auf diese Weise, gesunden, dauerhaften und systematischen Ackerbau zu betreiben.

Dazu kommt, daß in einer Kulam-Ansiedlung von Dorfgröße eine sehr stabile Dorfgemeinschaft vonnöten ist. Es bedarf gemeinsamer Anstrengung, den Kulam zu erhalten, das Wasser auf die Felder zu leiten und es dort gleichmäßig zu verteilen. Das Ergebnis ist eine starke Dorfgemeinschaft, vielleicht diejenige Lebensform, die unserer Vorstellung von der Lebenskraft am meisten entgegenkommt. Ich stelle es mir sehr schön vor, in so einer Gemeinschaft zu leben. Dazu kommt, daß sie von der übrigen Welt sehr unabhängig ist. Sie treibt vielleicht ein bißchen Handel mit ihr (sicher wird sie von den Steuereintreibern der Zentralregierung heimgesucht und muß einen Teil ihrer Produkte abgeben), aber sie braucht keine Zentralregierung und muß auch nicht mit anderen Dorfgemeinschaften kooperieren. Sie läßt andere Menschen in Ruhe und will selbst in Ruhe gelassen werden.

Doch die Jungsteinzeit brachte noch eine andere Entwicklung mit sich: groß angelegte Bewässerungssysteme. In Sri Lanka gibt es dafür eine Reihe guter Beispiele aus alter und neuer Zeit.

Bevor die Europäer kamen, kannten die Völker der Anden weder Bronze noch Eisen. Sie lebten nach wie vor in jungsteinzeitlichen Verhältnissen. Allerdings entwickelten sie die ausgedehntesten, ausgeklügeltsten und raffiniertesten Bewässerungssysteme, die es je auf diesem Planeten gegeben hat. Für die Priester, die Könige und die Priester-Könige war dies eine ungeheure Chance! Eine starke, umfassende und in hohem Maße zentralisierte Organisation war absolut unverzichtbar! Wer würde sich sonst um die Instandhaltung der Hunderte von Kilometern langen Kanäle, der Dämme, Wehre, Schleusen und was sonst noch dazugehörte, kümmern? Wer Boden bebaute, war in vielen Fällen davon abhängig, daß die Arbeit am Bewässerungssystem Hunderte von Meilen von seinem Wohnort entfernt funktionierte! Also mußte er den Priestern und dem König gehorchen.

Jene erlangten dadurch natürlich ungeheure Macht. Sie konnten sich jede Marotte leisten. Die erlesensten jungen Mädchen standen ihnen zur Verfügung. Nun ist der sexuelle Appetit eines Mannes ja leider ziemlich begrenzt, sogar der eines Königs, und so gaben sie sich bald nicht mehr mit dem normalen Verlauf zufrieden, sondern zogen ihr perverses Vergnügen daraus, lebenden Mädchen mit edelsteinbesetzten Messern die zuckenden Herzen aus dem Leib zu reißen.

Sie bauten große Städte. Städte sind die unvermeidbare Folge von groß angelegter Bewässerung. Babylon ist für sie alle zum Symbol geworden. An den Wassern von Babylon saß ich und weinte! Unvorstellbarer Luxus wurde möglich. Ungeheure Klüfte zwischen Arm und Reich taten sich auf. Und noch etwas wurde in diesen Zivilisationen zum Normalfall: Die Menschen aus den Städten nahmen den Bauern alles, was sie erwirtschafteten, bis auf einen winzigen Rest ab, von dem sie gerade noch existieren konnten. Natürlich tun sie das auch heute noch.

In den großen Flußtälern Chinas, in den Niederungen des Ganges, des Indus und Godavari, in Mesopotamien, am unteren Nil-Lauf, in den Anden und in Mexiko haben sich diese großen und prächtigen, durch und durch tyrannischen, von Priestern in Schach gehaltenen und von Königen unterdrückten Zivilisationen entwickelt und überlebt. Vielleicht haben sich die Menschen, zumindest bis zu diesem Zeitpunkt, nie so weit von der übrigen lebenden Natur entfernt. Was die Bewohner von Babylon oder Mohendscho Daro betraf, so hätte es die Natur überhaupt nicht zu geben brauchen. Draußen auf den bewässerten Feldern gab es die Bauern, die allesamt den Stadtbewohnern gehörten und zu ihren Wohl Nahrungsmittel anbauten, während die Stadtbewohner nicht einmal gewußt hätten, wie man einen Acker bestellte. In ihren Häusern aus in der Sonne getrockneten Lehmziegeln sahen sie nie einen Baum. Nie verließen sie ihre vier Wände, wenn es sich irgend vermeiden ließ. Drinnen hatten sie jeden Luxus, den die Menschheit kannte. Da gab es natürlich jede Menge arme Leute, von denen sie sich bedienen ließen – ganze Sklavenheere. Für den König war es nie ein Problem, die jungen Bauern zum Heeresdienst zu verpflichten: für sie bedeutete das Befreiung von der Plackerei auf dem Acker.

Doch die Bewohner jener Städte, die die großflächige Bewässerung mit sich brachte, waren von der übrigen Natur noch mehr abgeschieden als heutzutage die Einwohner von Pittsburgh, London, Birmingham oder Tokio. Sie wußten kaum noch, daß sie existierte.

Und in Bagdad, Kerman, Yecd, Zahidan, Haiderabad, der Altstadt von Delhi und einem Dutzend anderer alter indischer Städte habe ich Hunderte von Menschen so leben sehen. Menschen, die die Mauern der Stadt nur verließen, wenn es unbedingt sein mußte, und die das als Strafe betrachteten.

Ich habe eine Woche im Keller eines reichen Landbesitzers in Yecd verbracht, einer Stadt im südlichen Teil der großen Persischen Wüste. Warum im Keller? – Weil in dieser unbarmherzigen Hitze der Keller, über dem ein riesiger, nach Süden gerichteter Ventilator aus Ziegelsteinen errichtet war, der den wenigen, vom Indischen Ozean her blasenden Wind einfing, der einzige Platz war, an dem man es noch einigermaßen aushalten konnte.

Während der ganzen Zeit, die ich dort verbrachte, erhielt der Kaufmann und Landbesitzer Besuch von Leuten von außerhalb, die voller Ehrerbietung mit ihm sprachen und ihm Schriftrollen und Dokumente, Urkunden und andere Papiere überreichten, die alle in Farsi geschrieben und mit vielen Siegeln versehen waren. Er laß sie, unterschrieb einige, ließ andere zurückgehen, verhandelte mit Boten und fertigte Farsi-Schecks und andere Geldüberweisungen aus. Ich fragte ihn, was das alles zu bedeuten habe.

»Es geht hier um Land«, ließ er mir durch seinen ältesten Sohn sagen, der die Schule in Teheran besucht hatte und Französisch sprach, »um Ernten und Pacht.« – »Besitzen Sie viel Land?« fragte ich. »Viele Äcker und viele Dörfer.« – »Und sind Sie selbst ein Bauer?« wollte ich wissen. »Davon habe ich keine Ahnung. Ich habe noch nie einen Pflug in der Hand gehabt.« – »Fahren Sie hinaus und sehen sich Ihr Land an?« fragte ich. »Niemals. Dafür besteht keinerlei Notwendigkeit«, sagte er. »Die Pacht habe ich bekommen. Und weiter als bis zur Stadtmauer gehe ich nie.«

Ich hatte den Eindruck, mit dem Angehörigen einer Klasse zu

reden, die sich, seit der Mensch zum ersten Mal einen Kanal gegraben hat, um die durstige Wüste zu bewässern, durch alle Epochen hindurch gehalten hat.

Natürlich will ich nicht behaupten, daß mein Grundbesitzer ein Steinzeitmensch war. Durchaus nicht. Vielmehr lebte er im tiefsten Mittelalter. Er war mittelalterlich wie Chaucers »Merchant«. Ich erwähne ihn hier nur, um zu zeigen, wie weit sich die Bewohner jener großen, aufgrund ausgedehnter Bewässerung entstandenen Städte von der nicht-menschlichen Natur entfernen konnten. Selbstverständlich war mein persischer Gastgeber ein Moslem, glaubte fest an einen Gott und verbrachte eine Menge Zeit damit, zu ihm zu beten, den Koran zu lesen oder über die Religion zu meditieren. Sein Gott war denkbar weit entfernt von dem Großen Geist des Buschmanns Joseph: So weit entfernt von der Natur, daß die, die ihn anbeteten, in seinen Heiligtümern nichts aus der Natur abbilden durften; nur abstrakte geometrische Muster waren erlaubt.

Ich will auch nicht unterstellen, daß die Bewässerungs-Zivilisationen in irgendeiner Weise typisch für die Neusteinzeit gewesen wären. Die neolithischen Menschen, die nach Pembrokeshire kamen, wo ich lebe, und dort in meiner unmittelbaren Nähe den großartigen Cromlech, ein neolithisches Kammergrab, bauten, waren keineswegs Stadtmenschen. Sie waren Hirten und Ackerbauern, lebten in verstreuten, aus runden Hütten bestehenden Siedlungen, jagten nach Möglichkeit Wild, gingen hinunter ans Meer und an die Flüsse, um Fische zu fangen, waren wahrscheinlich tief religiös, lebten in enger Verbundenheit mit der übrigen Natur und betrachteten sich selbst ganz sicher als einen Teil von ihr.

Ihre Einstellung zur übrigen Natur wird sehr deutlich von Black Elk, einem Priester der Sioux in Nordamerika, ausgedrückt, wie man in dem von John Neidhardt aufgezeichneten Buch ›Black Elk Speaks‹ nachlesen kann: »Die Geschichte allen Lebens ist heilig und gut; sie handelt von uns Zweibeinern, die wir das Leben teilen mit den Vierbeinern und den Flügelwesen in der Luft und allem, was grünt: Denn sie alle sind Kinder *einer* Mutter, und ihr Vater ist *ein* Geist.«

Doch irgendwo, wahrscheinlich unten in Zentraleuropa in Richtung Ostalpen, entdeckte der Mensch, daß man, wenn man ein bestimmtes Gestein erhitzt, geschmolzenes Metall zum Ausfließen bringen konnte, daß dieses Metall abkühlte, fest wurde und in verschiedene Formen geschlagen werden konnte.

Zunächst Bronze, dann Eisen und später Stahl führten dazu, daß die Menschheit die Rolle, die sie im Rahmen – oder außerhalb – der übrigen Natur spielte, völlig neu einzuschätzen begann. Um diese Rolle geht es in diesem Buch.

## Kapitel 6
## Der Mensch des Bronze- und Eisenzeitalters

> Der Sommer in seiner ganzen Pracht ist gekommen, teilt mit vollen Armen Leben aus und übersät Hügel und Täler mit rosigen Blüten. In herrlichem Einklang hat der Wald seinen grünen Mantel angelegt, und der Sommer sitzt auf seinem Thron und spielt seine Weisen. Die Weide, deren Harfe während ihrer welken Winterzeit schweigend hing, erklingt wieder. Still – horch – die Welt ist lebendig. Der Gott Lugh breitet seinen langen weißen Arm über die Hügel. Über den Himmel fliegen die unsterblichen Kinder des Lichts, die Weißen Schwäne von Lir. Sie rufen nach ihrer Schwester, die ihnen die Schwingen vergoldet.
>
> Irisches Gedicht aus dem Bronzezeitalter

> Sie schaffen eine Wüste und nennen das Frieden.
>
> Piktenhäuptling über die Römer

Die Griechen des Homer gehörten dem Bronzezeitalter an, und ihre Einstellung zur übrigen Natur läßt sich sehr gut an ihren Göttern ablesen. Diese waren ganz einfach menschengestaltige Symbole der verschiedenen Naturkräfte. Schon die Tatsache, daß die Griechen diese Kräfte als Menschen darstellten, zeigt, daß sie den Menschen als Teil der Natur betrachteten. Es gibt keinerlei Anzeichen dafür, daß man in dieser Zeit angenommen hätte, die Menschheit sei etwas von der Natur Getrenntes oder die Natur sei nicht aus demselben Material und derselben Substanz gemacht wie die Menschheit. Poseidon symbolisierte nicht nur das Meer – er war ein Mensch und ein Gott.

In den hinduistischen Teilen Indiens, besonders im Süden des Subkontinents, habe ich oft den Geist des Bronzezeitalters gespürt – oder ihn mir zumindest eingebildet. Hier finden wir eine noch existente und bis heute lebendige Götterhierarchie vor, die der der alten Griechen sehr ähnlich ist. Die Kunst der Hindutempel quillt über vor Natur, und die Tier-Götter sind ebenso wichtig wie die Menschen-Götter. Hanuman, dem Affen-Gott, Nagra, dem Kobra-Gott, und Ganescha, dem Elefanten-Gott, wird große Bedeutung beigemessen. Wie vor viertausend Jahren, als einige der Hindu-Epen niedergeschrieben wurden, bilden Mensch und Natur auch heute noch eine Einheit.

An dieser Stelle ist es vielleicht angebracht, die Einstellung des heutigen Hindu zur übrigen Natur zu erörtern. Der Hindu akzeptiert die Menschheit voll und ganz als einen Teil der Natur, der nicht wichtiger ist als irgendein anderer Teil und der sich völlig passiv gegenüber der restlichen Natur verhält. Alle Organismen erfüllen ihr Karma, und man braucht nichts anderes tun, als sie in Ruhe zu lassen.

Im Idealfall (wenn auch nicht in der Praxis) wird kein Hindu, aus welchem Grund auch immer, ein Tier töten. Typisch für diese Einstellung ist, daß man es duldet, daß in allen indischen Städten Kühe und Bullen ungehindert durch die Straßen laufen, sich mit Gemüse von den Ständen bedienen und die Schüsseln der Bettler ausschlecken, während diese schlafen. Doch typisch ist auch der indische Bauer, der weiß, daß seine Kinder nicht genug zu essen haben, und der mit wildem Geschrei die Affen von seinen Feldern jagt, aber nicht im Traum daran denken würde, sein Gewehr zu holen und einen zu erschießen – die einzig wirksame Methode, um sie für längere Zeit fernzuhalten. Typisch ist auch der Bauer, der ein unerwünschtes Bullenkalb verjagt (weil er die Milch der Mutter braucht), obwohl er ganz genau weiß, daß es sterben wird; töten oder essen würde er es nie, weil er damit Leben zerstören würde.

Ich persönlich glaube, daß die Abneigung des Hindu gegen das Töten ein Irrtum ist und durchaus nicht den Erfordernissen der Lebenskraft entspricht. Denn die Landstriche, in denen man sich diese Zurückhaltung auferlegt, werden von verhungerndem Vieh völlig kahlgefressen, müssen infolgedessen erodieren und können im Endeffekt nur noch sehr wenig Leben ernähren. Affen und Wildschweine wüten auf den kargen Feldern, die Bäume werden zerstört, so daß die Menschen kein brauchbares Holz mehr haben und Viehdung verbrennen müssen – den Dung, den der magere Boden so dringend braucht.

Ich habe in Hindudörfern gelebt und auf meinen Reisen Hunderte davon gesehen, und seitdem bin ich davon überzeugt, daß es nicht in der Absicht der Lebenskraft liegt, daß der Mensch sich überhaupt nicht in die Natur einmischt. Mit einem großen Teil Indiens geht es auf einer von Erschöpfung des Bodens, Verarmung und schließlich Hungertod gesäumten Einbahnstraße abwärts, nur weil die Menschen sich allzu sehr in das Pflanzenreich einmischen, ohne die Vermehrung im Tierreich unter Kontrolle zu halten. Die Fleischfresser sind erfolgreich eliminiert worden (Sie könnten ihr ganzes Leben lang in den bevölkerten Teilen Indiens umherreisen, ohne einen einzigen Tiger zu sehen oder zu hören); niemand außer dem Menschen kontrolliert die Pflanzen- und Allesfresser; und der zieht seine Hand zurück und versäumt es damit, die ihm zugedachte Rolle im Gleichgewicht der Natur zu spielen.

Doch nirgends im Glauben oder in der Philosophie der Hindus existiert die Vorstellung, daß der Mensch irgendwie von der Natur getrennt sei – schon gar nicht vom Tierreich. Der zentrale Glaube an die Reinkarnation geht von einer Inkarnation in unzähligen Tierformen neben der menschlichen Form aus. Der Grundgedanke ist folgender: Die primitivsten Tiere sterben, und ihre Seelen reinkarnieren sich in immer höheren Formen tierischen Lebens, bis sie schließlich die Stufe der Menschheit erreichen. Im Menschen erhält die Seele einen freien Willen und kann gut oder schlecht handeln. Handelt sie schlecht, dann wird die nächste Reinkarnation auf einer sehr viel niedrigeren Stufe stattfinden. Handelt sie gut, dann wird sie in einem besonderen Menschen weiterleben. Das Ganze ist wie ein Spiel mit dem Ziel, Vollkommenheit zu erreichen. Die Seele wandert in einen guten Menschen, bis am Ende nach Millionen Reinkarnationen, von denen jede sie der Vollkommenheit einen Schritt näherbringt, und schließlich nach einem letzten Leben in dem Bemühen, die Seele vom Körper zu befreien, (den Buddhisten zufolge) das Nirwana oder der völlige Verlust individueller Identität und damit die Vereinigung der Seele mit Gott erreicht wird – wie ein Tropfen Wasser letztendlich in den Ozean fließt.

Obwohl also der Hindu sich selbst voll und ganz als Teil der Natur akzeptiert, betrachtet er die Natur im Grunde genommen wie jede Materie als irrelevant und als Illusion.

Das hinduistische Denken hat im Laufe der letzten fünf- oder sechstausend Jahre zu großartigen Einsichten und Erkenntnissen geführt. Das Hindu-Ideal des Losgelöstseins stellt einen notwendigen und wesentlichen Schritt in Richtung auf jene Einsicht dar, die eines Tages hoffentlich zu einer Antwort auf die Fragen führen wird, welchen Platz wir wirklich in der Natur einnehmen und zu welchem Zweck wir geschaffen sind. Doch meiner Ansicht nach ist der Hindu zu sehr mit seiner eigenen Rettung oder Erleuchtung oder Vervollkommnung beschäftigt, um in der Lage zu sein, die von der Schöpfung beabsichtigte aktive und positive Rolle im Reigen der Natur zu spielen.

Der Hindu-Bauer pflügt, sät und beutet unfruchtbaren Boden aus, weil er dazu gezwungen ist. Während die Menschen, die von ihm schmarotzen, träumen, meditieren und nach persönlicher Vollkommenheit streben, wird das Land dem Garten Eden immer unähnlicher.

Als Eisen an die Stelle von Bronze trat, wurde der Mensch ungeheuer mächtig. Die eiserne Axt ermöglichte es ihm, Wälder abzuholzen, und Land, das nie zuvor gepflügt worden war, zu bebauen. Die eiserne Pflugschar versetzte ihn in die Lage, es erfolgreich umzupflügen und auch den schweren Boden in Talsohlen, der bis dahin nicht genutzt werden konnte, zu kultivieren. Der mit einer Eisenspitze versehene Pfeil und die Speerspitze machten den Menschen allen anderen Lebewesen überlegen. Man kann annehmen, daß die Menschen in diesem Stadium angefangen haben zu glauben, sie hätten ein von Gott verliehenes Recht, jeden beliebigen Teil der Erde zu roden, ihn für ihre Zwecke zu nützen und jedes Lebewesen zu töten.

Dann kamen die Römer und mit ihnen der Stahl, der ihnen einen ungeheuren Vorteil vor anderen Menschen verschaffte. Die Römer eroberten die gesamte damals bekannte Welt. Wir Europäer neigen dazu, außereuropäische Geschichte zu ignorieren, aber wahrscheinlich ist woanders Ähnliches passiert. Wir wissen, daß in Indien große Reiche entstanden sind, die zum Teil hochzivilisiert waren und Großartiges hervorbrachten, bevor die islamische Invasion die Hindu-Kultur nahezu zerstörte.

Doch das Römische Reich kann als Beispiel für alle dienen.

Zunächst verehrten die Römer, wie schon die Griechen, die alten Gottheiten der Elemente, und zweifellos hatten die robusten römischen Ackerbauern ebenfalls ein sehr gesundes Verhältnis zur übrigen Natur. Aber dann zogen die stahlgepanzerten Armeen aus, errangen überall Siege, Sklaven strömten nach Rom, und die reichen Römer entfalteten einen Luxus, den es wohl nie zuvor und nie seitdem irgendwo auf Erden gegeben hat. Heutzutage sorgen Maschinen für Luxus, Waschmaschinen sparen Arbeit, und der »singende Teekessel« weckt uns mit sanftem Glockenton und dampfendem Tee, aber nichts ist mit dem Luxus zu vergleichen, den ein Heer gehorsamer, dienstbarer Sklaven darstellt.

In mancher Hinsicht scheint es fast, als sei die Einstellung der

Römer gegenüber der Natur eine Aberration gewesen. Weder zuvor noch in den fast zweitausend Jahren danach hatte es etwas Vergleichbares gegeben. Natürlich gab es zivilisierte Römer, und auch in der Geschichte Roms gab es Phasen, die man wirklich als hochkultiviert bezeichnen kann. Einige römische Dichter schrieben großartige Gedichte über die Natur und die Bestellung des Bodens (besonders Vergil), und zweifellos lebten viele vornehme Römer friedlich unter ihren Olivenbäumen und Weinstöcken, versorgt von zufriedenen Sklaven, die die angemessene Ehrfurcht vor Mutter Erde hatten.

Doch nach und nach setzte sich im Römischen Reich eine (unserer eigenen, in großem Stil geführten Landwirtschaft erstaunlich ähnliche) Form der Bodenbewirtschaftung durch: die Latifundienwirtschaft, bei der riesige Güter von Sklaven bewirtschaftet wurden. Den Bauern, für die jetzt kein Platz mehr war, blieb nichts anderes übrig, als nach Rom zu ziehen und von der staatlichen Armenspeisung zu leben.

Auch die Herren lebten weit weg in Rom und überließen das »Bewirtschaften« den Aufsehern. Niemand schwingt die Peitsche so gut wie ein hochnäsiger Plebejer. Der Boden wurde einzig und allein unter dem Gesichtspunkt des Gewinns bewirtschaftet. Er wurde nicht, oder nur gelegentlich, bebaut, damit Menschen davon leben konnten, sondern einzig und allein zu dem Zweck, möglichst großen Gewinn für den adeligen Besitzer herauszuschlagen, der in Rom mit anderen Gutsbesitzern darin wetteiferte, es auf immer extravagantere Weise auszugeben.

Anders als heutzutage gab es weder künstliche Chemikalien, noch Unkrautvertilgungsmittel, noch Maschinen – nur den Schweiß der Sklaven. Die Ernte, die in Rom verpraßt wurde, endete als Abwasser, das den Tiber hinunter ins Meer floß. Das Land verlor sein Herz, wurde öd und unfruchtbar, und es dauerte viele Jahrhunderte, bis es wieder Frucht trug.

In seinen ›Hirtengedichten‹ beschreibt Vergil eindrucksvoll die Betrübnis eines römischen Bauern, den das neue Regime entwurzelt hat:

Wir aber ziehen von hier, in Afrikas Gluten die einen,
andre zu Skythen und weiter zum kreidemitwirbelnden Oxus,
und zum anderen Ende der Welt, den fernen Britannen.
Ob ich wohl je nach langer Zeit mein väterlich Land hier

und den rasengedeckten, den Giebel der ärmlichen Hütte,
ob ich's noch sehe, mein Reich, erstaunt ob spärlicher Ähren?
Ehrfurchtslos übernimmt der Soldat die gepflegten Gefilde,
er, der Barbar, diese Saaten: wohin hat uns elende Bürger
Zwietracht gebracht! ...

Und:

Lycidas, o, nun haben wir's doch noch erlebt, was wir nie und
nimmer geglaubt, daß der Fremdling als Herr unsres Gütchens uns sagte:
»Das gehört nun mir; zieht ab, ihr früheren Siedler!«
Niedergeschlagen und traurig, da Zufall alles zu Fall bringt,
liefern wir jenem – bekomm's ihm übel – jetzt dieses Böcklein.

Der römische Bauer war zutiefst traurig darüber, daß er den neuen Latifundien weichen mußte – jenem riesigen, durch Sklavenarbeit ermöglichten Geschäft mit dem Boden, dessen einziger Zweck darin bestand, Reiche noch reicher zu machen, schmarotzerische Städter mit Brot zu versorgen und den Boden zu zerstören. Wie nahe liegt jedoch der Vergleich mit der auf Chemie basierenden, groß angelegten Landwirtschaft unserer Tage.

Doch keine Sorge – es gab noch Nordafrika. Die Überreste riesiger Getreidespeicher weisen auf die ungeheuren Ausmaße der Weizenproduktion in Gegenden hin, die sich inzwischen in unfruchtbare Wüste verwandelt haben. Die römischen Landbesitzer machten sich nicht mehr die Mühe, ihre eigenen Güter zu bewirtschaften – gegen Ende des Römischen Reiches kam fast das ganze Getreide für das für panem et circenses erforderliche Brot aus Afrika. Es ist unmöglich, hier keine Parallelen zur heutigen Situation zu ziehen.

Wie aber entwickelte sich die römische Einstellung zur übrigen Natur? Nun, die Einstellung zu Tieren war sehr einfach: Sie wurden im Kolosseum von Rom oder in den Arenen der Provinzstädte zum Vergnügen der Menge in großer Anzahl und auf ausgefallene Weise abgeschlachtet. Die unersättliche Gier der sensationslüsternen Zuschauer hat buchstäblich fast den gesamten Wildtierbestand in Nordafrika ausgerottet. Wilde Tiere und unbequeme Menschen starben zu Tausenden in den Arenen des Römischen Reiches.

Ich bin durch die Ruinen griechischer Amphitheater gegangen und empfand das erhebende Gefühl, die Luft der Freiheit und des Witzes, des Intellekts, des Spaßes und der Gerechtigkeit gegenüber allen Lebewesen zu atmen. Ich habe römische Amphitheater besucht und schauderte vor Entsetzen, weil diese Atmosphäre des Schlachtens, des Sadismus und der sinnlosen Brutalität mir fast Übelkeit bereitete.

Aber zum Glück kamen die Barbaren wie ein reinigendes Feuer und fegten alles hinweg. Der Mensch konnte wieder frei atmen. *Ein* Experiment war beendet.

Während des Eisenzeitalters breitete sich der Krieg unter den Menschen aus. Obwohl viele Menschen dies bedauern, ist die Tatsache, daß sie es bedauern, ein Maßstab für die große Bedeutung, die der Mensch dem Wohlergehen des Menschen, und die geringe Bedeutung, die er der übrigen Natur beimißt.

Die Kriege zwischen den Menschen wären der übrigen Natur willkommen gewesen, hätte sie ein Bewußtsein und könnte irgend etwas begrüßen, denn sie hielten die Anzahl der Menschen in Grenzen. Sie sorgten dafür, daß die Menschheit in einem vernünftigen Zahlenverhältnis blieb und nicht überhand nahm. Vielleicht hat die Lebenskraft sie zu genau diesem Zweck erfunden? Ob irgend jemand schon einmal daran gedacht hat? Außerdem gab es Seuchen und gelegentlich eine freundliche Hungersnot; sie alle dienten demselben Zweck: Die Anzahl der Menschen wurde von der Frühzeit bis ins Mittelalter in vernünftigen Grenzen gehalten, und als es im vierzehnten Jahrhundert danach aussah, als würde diese Spezies überhand nehmen, kam die gute alte Pest.

Die Einstellung des Menschen zur übrigen Natur während der Eisenzeit war, wenn wir hier einmal vom kaiserlichen Rom absehen, tolerant und unkompliziert. Überall auf der Erde gab es heilige Höhlen, heilige Flüsse, heilige Quellen und heilige Eichen. In der Vorstellung der Menschen bevölkerten Nymphen und Faune die Wälder. Der heidnische Mensch fühlte sich der übrigen Natur nicht entfremdet: Er muß sich selbst ganz entschieden als Teil der Natur empfunden haben, wenn auch als beherrschenden Teil. Nach dem Zusammenbruch des Römischen Reiches empfand er ganz sicher keinen Dünkel und keine maßlose Überlegenheit. Die Menschheit ist dem übrigen Leben nicht sonderlich zur Last gefallen. Britannien zum Beispiel war im wesentlichen noch immer bewaldet. Die bebauten Landstriche waren nichts als Lichtungen im Wald.

Ich habe in verschiedenen Teilen Afrikas mit Menschen des Eisenzeitalters gelebt. Kriege zwischen den Stämmen gab es zu dieser Zeit nicht, weil die Pax Britannica herrschte – wenn Stammesangehörige kämpften, stießen die Briten ihnen die Köpfe zusammen. Aber vor dem »Zulu-Krieg« hatte das große Volk der Zulus, das nicht aus Angehörigen eines Stammes bestand, sondern aus einer Mischung von Stammesvölkern, die zumeist von Chaka, dem »Schwarzen Napoleon« besiegt worden waren, das südöstliche Afrika überrollt und andere Völker besiegt und niedergemetzelt und besiegt und niedergemetzelt – und damit die Bevölkerung zahlenmäßig sehr niedrig gehalten. Was geschehen wäre, wenn sich der Weiße Mann nicht eingemischt hätte, kann man nur vermuten – ganz sicher sind die Eroberungszüge der Zulus etwas Neues in Afrika gewesen.

Ein Ableger der Zulu-Horden überquerte den Limpopo, bildete in dem Land, das heute Simbabwe heißt, das Matabele-Volk und machte die dort ansässigen Maschona im Handumdrehen zu Sklaven. Ein anderer Zweig überquerte den Sambesi im Nordosten von Sambia und wurde zu den siegreichen Angoni, und ein weiterer gründete weiter im Westen das Volk der Barotse, das noch heute ziemlich mächtig und relativ unabhängig ist. Zwei Jahre meines Lebens habe ich damit verbracht, in ihrem Land herumzureisen und ihr Vieh gegen die ansteckende Lungenseuche zu impfen, mit Erfolg, darf ich hinzufügen.

Die Balozi, wie die das Barotseland regierende Rasse damals hieß (ich weiß nicht, wie sie jetzt heißen – die meisten Namen wurden geändert, seit der Weiße Mann das Feld geräumt hat) waren ein typisches Eisenzeitalter-Volk. Das Herz ihres Landes bildete das riesige, vierhundertfünfzig Kilometer breite Überschwemmungsgebiet des oberen Sambesi – eine grasbewachsene Ebene, flach wie ein Brett, die jedes Jahr nach den Regenfällen drei Monate lang dreißig bis sechzig Zentimeter tief unter Wasser stand, das restliche Jahr über aber trocken war.

Die Balozi bauten Mais und andere Nahrungsmittel an, aber ihr größter Reichtum war ihr Vieh. Wenn die Ebene überschwemmt wurde, trieben sie die großen Viehherden auf höher liegende, nicht überflutete Weiden (die allesamt bewaldet waren). Der Zug ins Hochland wurde ganz offiziell von König Yeta angeführt, der in seiner glanzvollen Barkasse mit feierlichem Zeremoniell die überflutete Ebene verließ. Die Dörfer in der Ebene standen alle auf leicht erhobenem Boden, und ein paar alte Leute blieben auch während der Überflutung dort. Alle anderen zogen mit dem Vieh.

Ich arbeitete damals im Sescheke-Distrikt weiter unten am Fluß; er stieß nicht mehr an das riesige Überschwemmungsgebiet. (Dieses habe ich zweimal auf einem flachen Boot überquert, das von achtzehn Leuten fortbewegt wurde. Sie standen vorne und hinten im Boot und stakten durch das seichte Wasser. Die Spitzen der Gräser ragten ein gutes Stück über die Wasseroberfläche hinaus, so daß es aussah, als glitten wir über eine endlose Grasfläche. Der Bug des flachen Bootes zerteilte das Gras, und hinten sah man das klare Kielwasser. Jede Nacht schlugen wir unser Lager auf der Anhöhe eines Dorfes oder auf einem Termitenhügel auf.) In meinem Distrikt mußten die Leute nicht jedes Jahr weiterziehen, sondern lebten durch Brandrodung. Das zeremonielle Symbol des Mannes war eine reich geschmückte Axt, das der Frau eine Hacke. Denn die Männer drangen in ein neues Waldstück vor, fällten die Bäume und verbrannten sie. Dann kamen die Frauen, hackten den Boden auf und pflanzten Getreide an. Nach vier oder fünf Jahren war der Boden erschöpft (und durch das Unkraut, das auf dem Ackerland wucherte, verdorben) und die Dorfbewohner zogen weiter in eine andere Gegend.

Wie in Sri Lanka waren die Auswirkungen dieser Bebauungsmethode auf die übrige Natur nicht so schlimm, wie es sich anhört. Nachdem die Menschen weitergezogen waren, regenerierte der Wald sehr schnell, und auch der Boden erholte sich nach und nach in vollem Umfang – vorausgesetzt, die Bäume wurden nicht allzu bald wieder gefällt. So ist der Mensch des Eisenzeitalters der übrigen Natur nicht allzu sehr zur Last gefallen. Ich glaube jedoch, daß ein kontinuierlicherer Ackerbau den Zielen der Lebenskraft mehr entsprochen hätte.

An anderen Tieren außer dem Menschen gab es eine Menge Großwild. Ich konnte jederzeit am Abend losziehen und einen Spießbock schießen, ohne mich weiter als einen Kilometer vom Lager entfernen zu müssen. Der Grund für das üppige Wildvorkommen war der, daß der Mensch des Eisenzeitalters kein Gewehr hatte. Die Briten verboten den »Eingeborenen« den Besitz von Feuerwaffen (nur in sehr wenigen Fällen machten sie Ausnahmen für ihre Anführer). Die Eingeborenen (ich benütze diesen Begriff nicht abwertend, sondern bezeichne damit die Menschen, die in diesem Land zu Hause sind) jagten mit Schlingen, Fallgruben und Speeren, aber in dieser dichtbewaldeten Gegend konnten sie nicht allzu viele wilde Tiere erlegen. Für Milch und Fleisch sorgte ihr Vieh – Wild war für sie eine Dreingabe. Die Bashikulumbwe weiter im Norden, deren Gebiet wir die Nase des Kafue-Landes nannten, betrieben das Jagen sehr viel ernsthafter, doch sie waren ausschließlich Viehzüchter und Jäger und bestellten so gut wie keinen Boden. Ihr Land war eine riesige, grasbewachsene Schwemmlandebene. Sie repräsentierten ein anderes, vielleicht früheres Stadium des Eisenzeitalters. Sie errichteten lange Zäune aus Dornenbüschen, die die Form von Trichtern hatten, trieben die wilden Tiere hinein und töteten sie mit Speeren, sobald sie die schmale Öffnung erreichten. Auch Büffel erlegten sie auf diese Weise. Berühmt waren sie außerdem für ihre Art, Löwen zu jagen. Eine Reihe von Kriegern umringte einen Löwen und rückte singend und wildes Kriegsgeschrei ausstoßend immer näher zusammen. Wenn der Ring eng genug war, versuchte der Löwe auszubrechen. Er stürzte sich auf einen Krieger, der den Angriff mit seinem Schild abwehrte. Auf den Löwen ging ein Speerregen nieder, so daß er binnen Sekunden einem Nadelkissen ähnelte; der Mann, den er angegriffen hatte, war freilich meist tot.

Doch selbst diese Jagdleidenschaft konnte die Anzahl der wilden Tiere nie entscheidend reduzieren. Auf der Kafue-Ebene wimmelte es nur so von Antilopen und Büffeln. Seit jedoch der Weiße Mann verschwunden ist, hat jeder Eingeborene, der es sich leisten kann, sein eigenes Gewehr. Und soweit ich weiß, ist das Großwild in der Kafue-Ebene heute so gut wie ausgerottet. Für nicht-menschliche Säugetiere in Afrika ist das Ende gekommen. Wenn der gegenwärtige Trend anhält, wird innerhalb von einem oder zwei Jahrzehnten kein einziges mehr übrig sein. Selbst in den großen Wildparks gibt es Unmengen von Wilderern mit Gewehren, denen niemand Einhalt gebieten kann. Ist es das, was die Lebenskraft beabsichtigt hat? Das möchte ich doch sehr bezweifeln.

Um auf das Verfahren der Brandrodung zurückzukommen (ein Ärgernis für die britischen Forstbeamten, die im Bett lagen und darüber jammerten), so war es keine schlechte Ackerbaumethode, solange die Bevölkerung klein blieb. Und sie blieb klein. Offenbar gab es verschiedene Maßnahmen zur Geburtenkontrolle. Eine davon bestand einfach darin, daß es den Männern streng verboten war, mit ihren Frauen zu schlafen, solange diese stillten. Und sie stillten ihre Kinder drei Jahre lang. Möglicherweise haben auch größere Auseinandersetzungen die Bevölkerungszahl niedriggehalten, bevor die Briten kamen, doch ich bezweifle, daß in solch kleinen Kriegen, die zum Teil rituellen Charakter hatten, viele Menschen getötet wurden. Die Kindersterblichkeit war ziemlich hoch. Krankheiten bei Erwachsenen hingegen stellten keinen wesentlichen Faktor dar; es gab sehr wenig Krankheiten, und die meisten Menschen, die mir begegnet sind, strotzten vor Gesundheit. Aber natürlich waren in dieser Zeit vor dem Zweiten Weltkrieg die meisten Regionen Zentralafrikas auch nicht überbevölkert. Ich kam nie in ein Dorf, wo ich hungernde Menschen angetroffen hätte oder auch nur solche, die nicht reichlich zu essen hatten. Als ich nach dem Krieg das erste Mal über Hungersnöte in Afrika las, konnte ich diese Berichte kaum glauben. Doch während der letzten dreißig Jahre ist die Kultur des Eisenzeitalters zerstört worden, ausgelöscht durch die wahnsinnige Eile, mit der die Menschen auf die Schöne Neue Welt zusteuern, und in der Steppe und im Busch greift der Hunger um sich.

Kapitel 7
# Der Mensch des frühen Mittelalters und des Mittelalters

... und die Harfe ertönte
zu des Dichters Sang. Von dunkler Vorzeit
Zu melden wußt' er, von der Menschheit Ursprung,
Wie der Allgewalt'ge die Erde schuf,
Den wonnigen Anger vom Wasser umgürtet,
Wie der Siegberühmte Sonne und Mond
Als Leuchten setzt den Landbewohnern,
Wie er herrlich schmückte der Heide Säume
Mit belaubtem Geäst und Leben verlieh
Allen den Wesen, die atmend sich regen.

›Beowulf‹, II, 89–98

Die Naturgötter hielten sich das ganze Mittelalter hindurch und behaupteten sich Jahrhundert um Jahrhundert gegen die Übergriffe des Christentums. Unter ihrem Einfluß fügten die Menschen der übrigen Natur wenig Schaden zu und bewirkten wenig Veränderungen. Die Wikinger fuhren auf den Meeren herum, hinterließen aber wenig außer ihrem Kielwasser. Die Engländer kamen nach Albion und verjagten oder verheirateten sich mit den Walisern. Die nach Westen vertriebenen Waliser führten dort in ihren Hügeln ein Hirtenleben wie noch heute einige ihrer Nachfahren; währenddessen schlugen die Engländer nach und nach mit ihren Stahläxten und ihren Pflügen mit Eisensterzen den Wald zurück und schufen an seiner Stelle eine dauerhafte Landwirtschaft; doch noch immer waren ihre Felder Lichtungen im Wald. Sie jagten und züchteten Schweine. Die Götter, die sie verehrten, waren wie die griechischen Götter und die heutigen Hindu-Götter idealisierte Manifestationen der Natur in Menschengestalt. Der Mensch empfand sich noch immer als Teil der Natur, wenn auch als zunehmend beherrschender.

Es ist eine sonderbare Tatsache, die in den »fortschrittlicheren« Gebieten der heutigen westlichen Welt kaum verstanden wird, daß man kein Tier jagen kann, ohne eine gewisse Zuneigung zu ihm zu entwickeln. Ich bin mein Leben lang ein Jäger gewesen und habe immer wieder diese große Sympathie oder dieses Mitgefühl für den Gejagten erlebt. Die Menschen des Mittelalters waren Jäger, doch ohne diese Sympathie für die Tiere, die sie jagten, hätten sie keine erfolgreichen Jäger sein können. Ich liebte die Schwimm- und die Krickente, die ich als Junge im Sumpfland von Essex jagte, ich liebte den eleganten Kudu, den Spießbock, den Zobel und die Pferdeantilope, die ich in Afrika jagte. Damals war es vollkommen in Ordnung, sie zu jagen. Im Busch wimmelte es nur so von diesen Tieren. Und es bestand keinerlei Gefahr, daß ich ihre Anzahl beträchtlich hätte verringern können. Jetzt würde ich lieber verhungern, als zur Ausrottung der wenigen übriggebliebenen wilden Säugetiere in der Welt beizutragen.

Ich bin ziemlich sicher, daß die Menschen des Mittelalters dieses Gefühl für die wilde Natur hatten. Die Jagd auf andere Tiere war für sie teils eine religiöse, teils eine rituelle Angelegenheit. »Hob y deri dan do!« (das bedeutet »der Eber aus dem Eichenwald ist unter dem Dach!«), sang der Waliser nach einer erfolgreichen Jagd, und ähnliche Freudengesänge, rituelle Formeln und dergleichen waren bei allen Jägern überall auf der Welt gebräuchlich und sind es mancherorts noch. Diese Form der Jagd hat ebenso wenig mit sinnlosem Abschlachten zu tun wie der kleine Giftpfeil des Buschmanns. Hier spielt der Mensch nur die ihm zugewiesene Rolle innerhalb der übrigen Natur, und er spielt sie mit Hingabe und Achtung vor den Tieren, die er jagt.

Doch in Europa setzte sich allmählich das Christentum durch. Im Gegensatz zu den früheren Religionen kümmerte es sich in erster Linie um den Menschen – und so gut wie gar nicht um die restliche Natur. Sein wirkliches Anliegen war der Mensch, seine Seele und seine Bestimmung. Es hatte, im Gegensatz zum Hinduismus, zum Buddhismus und wahrscheinlich zu allen prä-judaischen Religionen, kein Gefühl dafür, daß der Mensch von anderen Tieren abstammte und mit ihnen eine Einheit bildete. Der Mensch war eigens erschaffen worden – die Frau wurde aus seiner Rippe gemacht – und erhielt die Herrschaft über die Tiere des Feldes und die Vögel in der Luft. Und damit basta.

Aus dem Alten und dem Neuen Testament läßt sich ohne weiteres der Eindruck gewinnen, das Universum sei zum Wohl und zum Vergnügen der Menschheit geschaffen worden. Zwar legen einem das Alte Testament und die Thora Ehrfurcht vor der übrigen Natur nahe, doch es ist nicht die Ehrfurcht vor Gleichrangigen, sondern die von Herren. Moslems und Leute, die sich eingehend mit dem Islam beschäftigt haben, haben mir versichert, daß der Islam seinen Gläubigen dieselbe Ehrfurcht auferlegt, aber ich habe den Koran in einer Übersetzung gelesen und bin auf sehr wenige derartige Hinweise gestoßen.

Die Kunst ist immer ein Indikator für die innere Einstellung einer Kultur. In der christlichen Kunst steht immer der Mann – und zum Glück auch die Frau – im Mittelpunkt, während die übrige Natur, wenn sie überhaupt in Erscheinung tritt, den Hintergrund für die menschliche Geschichte bildet. Die islamische Kunst freilich verbietet jegliche Abbildung der Natur: Sie ist eine rein abstrakte und mathematische Kunst. Doch ist der Islam der Glaube der Wüsten, in denen kaum Natur existiert und in denen das Leben für Mensch, Pflanze und Tier gleichermaßen hart ist. Wo immer der Islam in üppigere, regenreichere Gegenden vorgedrungen ist, hat er seine ernste Düsterkeit verloren, den lokalen, animistischen Glauben in sich aufgenommen und sich der Natur ringsum weit mehr angepaßt. Als die Mongolen nach Indien kamen, gingen sie sogar so weit, die menschliche Gestalt voller Schönheit und Sinnlichkeit darzustellen und Pflanzen und Tiere in üppiger Fülle abzubilden. Der Prophet muß sich in seinem sandigen Grab umgedreht haben.

Die allerersten Christen – die Christen aus den Katakomben – waren wahrscheinlich so sehr mit ihrem eigenen Heil beschäftigt, daß sie sehr wenig Zeit hatten, überhaupt an die übrige Natur zu denken. Wahrscheinlich wurden sie sehr abrupt damit konfrontiert, als man die Löwen in die Arena ließ. Natürlich gibt es da die hübsche Geschichte von Androklus und dem Löwen und viele andere Geschichten von frühchristlichen Heiligen und Einsiedlern, die in Frieden und Harmonie mit der übrigen Natur lebten, angefangen vom hl. Hubertus und seinem Hirschen bis hin zum ersten Einsiedler, dem hl. Paulus von Theben, und seinen wilden Tieren; und ich kann, während ich hier dieses Buch schreibe, nicht aus meinem Fenster blicken, ohne den Gipfel des Carn Ingli zu sehen, auf dem der hl. Brynach im siebten Jahrhundert zu meditieren pflegte. Er hatte einen Rothirsch, den er als Reitpferd benutzte, und einen Wolf, der sich um sein Vieh kümmerte; und ein weißes Wildschwein mit fünf Frischlingen geleitete ihn an den Ort, wo er seine Kirche baute (ganz in der Nähe meines Häuschens). Er war in der Lage, sich völlig in Tiere einzufühlen.

Besonders gern mag ich die Geschichte von Cuthbert, einem anderen keltischen Heiligen, der auf den Farne-Inseln in Northumberland lebte und, um sich zu kasteien, beim Beten bis zum Hals im Wasser stand. Ein Mitmönch berichtet über ihn:

»Cuthbert sang, wie es seine Gewohnheit war, seine Gebete bis zum Hals in den Wasserfluten stehend, danach fiel er auf dem Sand in die Knie und streckte seine Handflächen gen Himmel. Da kamen zwei Ottern vom Grund des Meeres, und mit ihrem Fell trockneten sie seine Füße, wärmten seine Glieder mit ihrem Atem, erbaten dann, indem sie mit dem Kopf nickten, seinen Segen und legten sich zu seinen Füßen in den gelben Sand.« Ein mittelalterlicher Abt hätte sofort nach den Otterhunden geschickt.

Das keltische Christentum wurde durch das römische verdrängt – leider, denn in der römischen Gemeinschaft war dieses großartige, brüderliche Empfinden für die übrige Natur nicht so vorherrschend. Dazu kam ein ausgeprägter Sexismus. Die keltische Kirche hatte weibliche Priester zugelassen, die meisten Mönche und Nonnen waren verheiratet, und viele der großen Abteien wurden von Frauen geführt. Erst während der letzten zwei Jahrzehnte unseres Jahrhunderts ist die selbstverständliche Vorherrschaft des Mannes in der christlichen Kirche in Frage gestellt worden, führt aber noch immer scharfe Rückzugsgefechte.

Es hätte durchaus die Möglichkeit bestanden, daß das Christentum von Anfang an einen entschiedeneren Kurs pro Leben einschlägt. Nach dem essenischen Evangelium hat Jesus, nachdem er seine Jünger das Vaterunser gelehrt hatte, gesagt: »Desgleichen betet zu eurer Mutter auf Erden: Mutter Unser, die Du bist auf Erden, geheiligt werde Dein Name. Dein Reich komme, Dein Wille geschehe. Täglich schickst Du Deine Engel aus, schicke sie auch zu uns. Vergib uns unsere Sünden, und wir wollen für alle Sünden gegen Dich Buße tun. Führe uns nicht in Krankheit, sondern erlöse uns von allem Bösen, denn Dein ist die Erde, der Körper und unser Wohl. Amen.«

Die essenischen Schriften können dreierlei sein: Entweder handelt es sich – was unwahrscheinlich ist – um eine Fälschung aus unserer Zeit, oder ein Zeitgenosse Jesu hat sie sich ausgedacht, oder Jesus hat tatsächlich das gesagt, was hier berichtet wird, aber seine Worte wurden später unterdrückt. In jedem Fall hat es den Anschein, als sei in jener Zeit die Welt reif gewesen für den entscheidenden Umschwung zu einem Glauben an einen einzigen, männlichen Gott und daran, daß das Universum wirklich ausschließlich zum Wohl der Menschheit geschaffen worden sei. Das Judentum hat diesen Standpunkt jahrhundertelang eingenommen, und als schließlich der Islam kam, war er gleichermaßen auf den Mann fixiert. Die ausschließliche Beschäftigung der frühchristlichen Heiligen mit ihrem persönlichen Heil bedeutete gleichzeitig, daß man aller Natur mit Ausnahme des Menschen den Rücken kehrte, auch wenn einige von ihnen Gott durch die Natur erfuhren – »das lebendige Kleid Gottes«. Der hl. Franz von Assisi (in jüngster Zeit zum »Schutzheiligen der Ökologie« ernannt) und andere frühe Christen kamen nicht von der Natur los. Und die Bauern und die Landbevölkerung wurden von den Kirchenvätern immer wieder wegen der ketzerischen Marienkulte gerügt. Sie konnten einfach nicht glauben, daß Gott, nachdem doch alles Leben so offensichtlich von der (natürlich vom Mann befruchteten) Frau kam, ausschließlich männlich sein sollte.

Mit der Entwicklung der großen Klöster machte sich eine neue Einstellung zur Natur bemerkbar. Man stimmte eine neue Melodie an und begann, in die Natur einzugreifen; allerdings in sehr wohlwollender Form. Für mich bedeutet dieses Eingreifen einen entschlossenen Versuch der Menschheit, die ihm angemessene Funktion in der Welt auszuüben.

Die Mönche müssen ausgiebig über die Geschichte vom Garten Eden nachgedacht haben, denn sie machten es sich zur Aufgabe, wieder einen solchen Garten auf Erden zu schaffen. Sie legten Weinberge und Obstpflanzungen, Blumen- und Kräutergärten an, hielten große Schafherden, die die Weiden auf ihren Gütern abgrasten, holzten einen Teil der Wälder ab und verwendeten das Holz für ihre großartigen Gebäude – Gebäude, die sie zum Ruhme Gottes errichteten –, rodeten das Land, pflügten und bepflanzten es und säten Weizen. Sie haben die Fruchtbarkeit und den Ertragreichtum des Landes in großem Maße gesteigert. Es ist kein Zufall, daß Gregor Mendel (1822–1884) ein Mönch war.

Man kann sich auf den Standpunkt stellen, die Lebenskraft habe nicht beabsichtigt, daß dieser Planet ewig Dschungel, Wald, Steppe und Wüste bleiben, sondern daß sich auf ihm Intelligenz entwickeln sollte, um seine Schönheit und Fruchtbarkeit und damit auch die Schönheit und Leistungsfähigkeit des Lebens auf ihm zu vermehren; um Leben zu verbreiten und die Erde zu verschönern.

Sicher weist alles, was uns aus der Blütezeit der Klöster überliefert ist, darauf hin, daß diese Menschen in Harmonie mit der übrigen Natur lebten und daß die Mönche und Nonnen, ungeachtet dessen, was die Heilige Schrift ihnen auftrug, sich selbst ebenfalls als Teil der Natur betrachteten. Sogar ihre Gebäude wurden unmittelbar von der Natur beeinflußt: die Spitzbogen und Gewölbe, die die romanische Architektur ablösten, waren den Bogen und Gewölben der Bäume im Wald nachempfunden; die Pfeiler und Säulen verzierte man mit Blattmustern.

Wahrscheinlich hatte der Mensch nie ein positiveres und wohlwollenderes Verhältnis zur übrigen Natur als in der großen Zeit der Zisterzienserklöster. Es war nicht einfach ein Verhältnis des Laisser-faire wie im Steinzeitalter, sondern die Mönche griffen überlegt und fördernd in die Natur ein. Ich bezweifle zwar sehr, daß sich viele von uns wünschen würden, jeden Morgen um zwei Uhr aufzustehen, sich auf den eiskalten Steinboden zu knien, bis zum Einbruch der Dunkelheit zu beten oder zu arbeiten, nie eine Frau (oder einen Mann, falls Sie eine Frau sind) zu Gesicht zu bekommen und nie die Freude zu erleben, eigene Kinder aufwachsen zu sehen. Meine persönliche Antwort kenne ich, ohne erst lange meine Seele zu erforschen oder überlegen zu müssen. Und doch denke ich oft an Ceylon und jene Insel im See mit den drei weisen, freundlichen, buddhistischen Mönchen, und manchmal frage ich mich, ob ich nicht doch lieber dort wäre.

Was das weltliche Leben im Mittelalter betraf, so war die Menschheit streng in zwei Gruppen eingeteilt: die Adeligen und die Masse. Letztere – Leibeigene, Zinsleute und Häusler – waren gezwungen, ein wohlwollendes Verhältnis zur Natur zu haben, ob sie nun wollten oder nicht. Mit einfachen Geräten konnten sie wenig Schaden anrichten. Langsam drängten sie den Wald zurück, und ihre Schweineherden sammelten die Eicheln in den übriggebliebenen Wäldern auf und machten mit ihrem Dung den Boden fruchtbar. Die Bauern bestellten das Land, das sie gerodet hatten, sorgfältig und gut. Ihre Vorstellung von sich selbst und ihrem Platz in der Natur war sehr eindeutig und stammte zweifellos aus der Geschichte vom Garten Eden und dem übrigen Alten Testament. Die Verserzählung ›Piers Ploughman‹* macht ihre Einstellung deutlich. Ihre Erwartung – und ihr Wunsch – bestand darin, zu arbeiten und den Boden zu bestellen. Sie erwarteten, daß der Adel in Gestalt der Ritter das Ungeziefer vernichtete, das ihre Herden und ihre Ernte bedrohte, und sie außerdem vor Feinden schützte. Und

* William Langland: The Vision of William Concerning Piers the Ploughman (entstanden um 1370 bis 1390).

sie erwarteten, zumindest einen Teil der Früchte, die ihre Arbeit trug, selbst genießen zu können. Die etwa hundert geheiligten Tage im Jahr waren für sie echte Festtage, an denen Männer, Frauen und Kinder sich ausruhten und sich vergnügten, tanzten und sangen. Und war das etwa nicht richtig? Wenn der moderne Mensch sich schmeichelt, um so viel besser dran zu sein als seine Vorfahren, vergißt er die hundert heiligen Tage im Jahr. Er vergißt den Spaß und die Kameradschaft, die das Zusammenarbeiten mit anderen Menschen mit sich bringt, das Herumtollen im Heu, das Singen und Dudelsackspielen. Wir brauchen uns nur die Bauern von heute anzusehen, denen klargeworden ist, daß das Leben für sie nicht nur aus Arbeit besteht (ganz gleich, wie romantisch – oder unromantisch – Schriftsteller es beschreiben). Es gibt eine Menge guter, ehrlicher Arbeit im Freien, aber in den ländlichen Gegenden Frankreichs sitzt man auch oft genug in Straßencafés und unterhält sich, und in Indien hockt man auf geflochtenen Bettgestellen und raucht Wasserpfeife. Ich habe in Gemeinden gelebt, die in jeder Beziehung genau so waren wie mittelalterliche bäuerliche Gemeinschaften, und ich war immer erstaunt, wieviel Freizeit und Müßiggang es dort gab. Aber der moderne westliche Mensch möchte gern glauben, daß das Leben in alten Zeiten die Hölle war – das verschafft ihm ein gutes Gefühl und rechtfertigt in seiner Vorstellung seine eigenen Übergriffe auf die übrige Natur. Alles ist gerechtfertigt, wenn es das großartige Leben in Birmingham oder Pittsburgh ermöglicht; schließlich möchte man doch nicht wieder zurück zu einem Fünfzehn-Stunden-Arbeitstag an dreihundertfünfundsechzig Tagen im Jahr, oder?

Wenn man ins Mittelalter zurückblickt, kann man als aufrichtiger Mensch nicht umhin, die krassen Unterschiede zwischen arm und reich zu beklagen. Dem Pachtbauern schlug man die Hand ab, wenn er ein Stück Wild tötete – doch die Fürsten und Könige konnten nach Herzenslust Wild jagen. Und man gewinnt tatsächlich den Eindruck, als hätten sie wenig anderes getan. Dazu äußerte sich auch Robert Kett in seinem großartigen Manifest, das er veröffentlichte, bevor er 1549 seinen Bauernaufstand anzettelte:

»Alles, was es an Vögeln in der Luft, an Fischen im Wasser und an Wachstum auf der Erde gibt, fressen und verschlingen sie. Fürwahr, die Natur reicht nicht aus, um ihre Gier zu sättigen; sie suchen immer neue Zerstreuungen und Vergnügungen, mit denen sie sich umgeben und einparfümieren, hüllen sich in herrliche Düfte und häufen einen süßen Genuß auf den anderen. Von überall her schaffen sie alles, um ihre Gelüste zu befriedigen und neue Begierden wachzurufen. Und währenddessen ernähren wir uns von Kräutern und Wurzeln, sind erschöpft von unablässiger Arbeit, und werden doch beneidet, daß wir leben und die frische Luft atmen, die allen gehört!«

Ich bewundere Kett und habe einen meiner Söhne nach ihm benannt, und ich wünschte, dieser Aufstand hätte angehalten und wäre nicht von fremden Söldnertruppen niedergeschlagen worden, die im Besitz von Arkebusen waren und denen deshalb auch noch so verzweifelte und entschlossene Männer keinen Widerstand leisten konnten.

Doch man darf nicht vergessen, daß Kett zu einer Zeit lange nach dem Mittelalter lebte, als die Landbesitzer in ihrer Geldgier keine Grenzen mehr kannten und die Menschen von ihren Gütern vertrieben, um dort gewinnträchtige Schafzucht zu betreiben. Im Mittelalter gab es zweifellos eine Menge Ungerechtigkeit, und es war keinesfalls recht, dem Bauern die Früchte seiner Arbeit wegzunehmen und von ihm zu verlangen, die Dinge vom Standpunkt der nicht-menschlichen Natur aus zu betrachten. Hätte der große Gott Pan im mittelalterlichen England gelebt, hätte er sich sicher über die strengen Forstgesetze gefreut, die es den Menschen verboten, Bäume zu fällen, und die Jagd auf Wild dem König vorbehielten. Denn der König und sein Hofstaat konnten zum einen nur sehr wenig Wild erlegen, zum anderen muß es in den Wäldern nur so von »buntgescheckten Narren« – den erklärten Lieblingen des großen Gottes Pan – gewimmelt haben. Wald bedeckte einen Großteil des Landes, es gab Wild im Überfluß, und die Lichtungen, die der Mensch geschlagen hatte, wurden ohne schädliche Maschinen oder gefährliche Chemikalien sorgfältig bebaut; wenn ein Mensch unbedingt wollte, konnte er wie Robin Hood und seine fröhlichen Gesellen Zuflucht im Wald finden, sich am Wild des Königs vergreifen, die Reichen berauben und die Beute unter die Armen verteilen und alles in allem ein herrliches Leben in freier Natur führen. Die Menschheit lebte in Frieden mit der Natur, hielt ihr zahlenmäßiges Gleichgewicht, und ihre Einmischung brachte nur Gutes hervor. Hohe Kindersterblichkeit und ab und zu die Pest hielten die Anzahl der Menschen in sinnvollen Grenzen, und nur sehr selten brach eine Hungersnot über das Land herein. Hätte die Lebenskraft denken können, wäre sie mit dem sanften Fortschritt dieses neuen Experimentes Mensch sehr zufrieden gewesen.

Der vorbehaltlose Glaube an die Religion trug dazu bei, daß Männer und Frauen mit ihrem Schicksal zufrieden waren, und verhinderte jahrhundertelang, nachdem es dem Menschen möglich gewesen wäre, daß er die Natur zu erobern versuchte. Schon der Gedanke an eine Eroberung der Natur hätte im Mittelalter als blasphemisch gegolten. Gott hat der Menschheit ihren Platz in der Natur angewiesen, genau so wie er jeden einzelnen Menschen in die Lebensgemeinschaft gestellt hat, der er angehört. In diesem Zusammenhang ist es interessant, daß in der islamischen Welt, in der die abstrakten Wissenschaften blühten und große Fortschritte machten, die Menschen in der Tat ganz bewußt von den praktischen Entwicklungen, die diese Wissenschaft ermöglicht hätte, Abstand nahmen. Die alten Griechen in Alexandrien konstruierten zum Beispiel eine Dampfmaschine. Die äußerst klugen Philosophen der islamischen Welt besaßen Aufzeichnungen über die alexandrinischen Experimente und hätten leicht daran anknüpfen und auch eine Dampfmaschine entwickeln können; es gibt Beweise dafür, daß sie ausdrücklich darauf verzichteten. Sie haben sich ganz bewußt auf die abstrakte Wissenschaft beschränkt. Einem guten Moslem wäre es blasphemisch erschienen, sich zu sehr in die Dinge einzumischen, die allem Anschein nach das Werk Gottes waren und seinen Absichten entsprachen.

Im Christentum hatte man dieselben Bedenken. Den meisten Menschen genügte es, das Land zu bestellen, zu jagen, Vieh zu weiden und einfach und bescheiden in kleinen Hütten zu leben, Gott zu verehren, zu fasten, sich zu vermehren und zu sterben. Der Adel ging auf die Jagd, führte Krieg und verlangte den Bauern hohen Pachtzins ab; im schlimmsten Fall waren die Adeligen Banditen, im besten Erpresser von Schutzgeldern, deren Abkommen mit den Bauern folgendermaßen aussah: »Wenn du uns die Hälfte von dem gibst, was du produziert, schützen wir dich vor schlimmeren Banditen, die dir alles wegnehmen würden!« Aber auch sie dachten keinesfalls ernsthaft an einen Versuch, die Natur zu erobern. Aufgrund ihrer Stellung innerhalb der Gesellschaft müssen sie sich selbst zwar als die Herren der Schöpfung betrachtet haben, aber es gibt keinerlei Hinweise darauf, daß sie sich nicht gleichzeitig auch als Teil dieser Schöpfung sahen.

Wahrscheinlich ist es eine übertriebene Vereinfachung zu behaupten, daß es erst eines Galilei (1564–1642) mit seinem Fernrohr und seinem neuen Weltbild bedurfte, um das alles zu verändern.

## Kapitel 8
## Der Mensch der Renaissance und der Reformation

> Schmerzlich war es mit anzusehen, wie die schwachen Schafe von gierigen Wölfen gerissen wurden, während die Schäfer schlummerten. Schmerzlich war es mit anzusehen, wie die geheiligten Weinstöcke, während die Gärtner sich nahebei vergnügten, von Schweinen aus dem Erdreich gerissen wurden. Dem Erdboden gleich liegen die Türme mit ihren goldglänzenden Spitzen, die einst in den Himmel ragten. Käuzchen schreien, wo noch vor kurzem die süßesten Weisen erklangen, Kröten und Schlangen nisten dort, wo Pilger sich sonst zusammenscharten. Weine und wehklage, o Walsingham, denn deine Tage sind zu Nächten geworden; aus Gebeten wurden Blasphemien und aus heiligen Handlungen Schmähungen. Sünde herrscht, wo Unsere Liebe Frau saß, Himmel hat zur Hölle sich gewandelt, und der Satan sitzt, wo einst der Herr thronte. Walsingham, leb wohl.
>
> Philip Howard*

> »Sie behaupten, sie könnten aus einem Stück Brot Gott machen – glaubt ihnen nicht.«
>
> John Noyes**

Es ist schon seltsam, daß es erst der Entdeckung bedurfte, daß die Welt des Menschen nicht der Mittelpunkt des Universums ist, bevor die Menschheit zu dem Schluß gelangte, daß das Universum tatsächlich nur für sie geschaffen worden sei. Aber eben diese zunächst von Kopernikus gemachte und dann von Galilei und seinem Fernrohr bestätigte Entdeckung erschütterte den Glauben des Menschen an die Kirche. Die Kirche überlebte diesen Schock, allerdings nur, indem sie ihre Dogmen änderte und damit allen Menschen demonstrierte, daß sie nicht, wie allgemein angenommen wurde, unfehlbar war. Mehr als zwei Jahrhunderte später hatten Charles Robert Darwins

* Aus einem Gedicht über die Zerstörung des Heiligtums von Walsingham im Jahr 1538, das Philip Howard, Earl of Arundel, zugeschrieben wird.

** Die letzten Worte von John Noyes, Schuhmacher in Laxfield, der auf dem Scheiterhaufen verbrannt wurde, weil er Protestant war.

(1809–1882) Theorien etwa dieselben Auswirkungen auf eine allerdings sehr veränderte Kirche.

Solange die Menschen selbstverständlich an die Unwandelbarkeit der kirchlichen Dogmen glaubten, gaben sie sich mit der noch immer recht niedrigen Stellung der Menschheit innerhalb der Natur ganz zufrieden. Vom Standpunkt der Interessen des nicht-menschlichen Lebens auf diesem Planeten aus gesehen wäre es vielleicht besser gewesen, die Kirche hätte es fertig gebracht, ihre Dogmen ungeachtet ihrer Unrichtigkeit zu verteidigen. Denn der durch Kopernikus (1473–1543) und Galilei eingeleitete große Sprung nach vorne öffnete den Weg – na ja, unter anderem zur Wasserstoffbombe. Aber die Wahrheit drängt ans Tageslicht, wie viele Menschen immer wieder betont haben. Es hat keinen Sinn zu versuchen, die Wahrheit zu unterdrücken – vielmehr muß man versuchen, die ganze Wahrheit zu finden. Wüßten wir die ganze Wahrheit, würden wir keine Wasserstoffbomben und auch keine Kernkraftwerke bauen. Wüßten wir die ganze Wahrheit, würden wir nicht versuchen, die Leiter der Natur unter uns wegzustoßen.

Die großen Veränderungen, die sich während der Renaissance in der Einstellung des Menschen zur übrigen Natur anbahnten, geschahen in einem winzig kleinen Teil der Erde: in Nordwest-Europa. Sie vollzogen sich nur in den protestantischen Ländern. In Ländern wie Italien, Spanien und Südfrankreich finden erst seit dem Zweiten Weltkrieg die Veränderungen statt, die in England bereits während der Zeit Heinrichs VIII. (1491–1547) begannen.

Die wichtigste dieser Veränderungen vom Standpunkt der Einstellung des Menschen zur übrigen Natur bestand darin, daß eine Selbstversorgungswirtschaft durch eine Geldwirtschaft ersetzt wurde. In einem katholischen Land hätte dies nicht geschehen können. Der einzige Grund, warum es derzeit in sogenannten katholischen Ländern doch so schnell geschieht, ist der, daß sie nicht mehr wirklich katholisch sind.

Denn die Kirche lehrte, daß der Mensch mit seinem Platz im Leben zufrieden sein muß, daß er die Armut willkommen heißen muß, wie sein Herr es getan hat, daß er sich damit zufriedengeben muß, mit der Mutter Erde zu wirtschaften und nicht danach streben soll, die Natur der Dinge zu verändern.

Mit den Reichen verhielt es sich natürlich anders. Sie brauchten nichts anderes zu tun, als weiterhin reich zu sein. Das Reichsein war ihre Bestimmung. Zweifellos hatte sie ihr Schöpfer in diese glückliche Situation versetzt. Und deshalb hatten sie auch keinerlei Veranlassung, sich in irgendeiner Weise in die Welt einzumischen. Sie wollten keine Sümpfe trockenlegen, keine Wälder roden, keine Bauern vertreiben, um Platz für Schafe zu schaffen, keine Stollen bauen und nichts dergleichen. So, wie die Dinge lagen, ging es ihnen recht gut. Warum sollten sie sich also Sorgen und Gedanken ums Geldverdienen machen? Geld kam durch die Pacht herein. Arbeit war so billig, daß sie sich jede Menge Dienstboten leisten konnten.

Aber in jenen Ländern Nordeuropas, in denen Martin Luthers beunruhigenden Thesen Verbreitung fanden, wurde alles in Frage gestellt. In England sagte sich Heinrich VIII. vom Papst los – nicht etwa aus doktrinären Gründen, denn er hätte auf gar keinen Fall die Kirche verändern wollen, es sei denn, um sich selbst zu ihrem Oberhaupt zu machen. Vielmehr hatte er es auf die Macht abgesehen – nicht auf Gedankenfreiheit. Aber er öffnete damit Flutschleusen, die später unmöglich wieder geschlossen werden konnten. Königin Maria I. (1516–1558) versuchte verzweifelt, sie mit verbranntem Fleisch zu schließen, aber wie andere Tyrannen vor und nach ihr mußte sie feststellen, daß das Blut von Märtyrern keine Revolution ersticken kann.

Doch in seiner maßlosen Selbstsucht bereitete Heinrich VIII. dem Mittelalter einfach ein Ende. Er löste die Klöster auf und eignete sich ihre großen Besitztümer an, von denen er möglichst viele selbst behielt und den Rest an seine Günstlinge verteilte. Auf diese Weise schuf er sich ein großes Heer ergebener Bewunderer. Damit endeten tausend Jahre einer langsamen, in geordneten Bahnen verlaufenden Entwicklung in Richtung auf ein fruchtbares und erfreuliches Verhältnis zwischen der Menschheit und der übrigen Natur: ein Verhältnis, das von allen, die sich bis dahin auf dieser Erde entwickelt hatten, der Lebenskraft möglicherweise am besten gefiel.

Das Land, die Gebäude (in erster Linie die prachtvollen Gutshöfe, die die Mönche über ihre riesigen Güter verteilt hatten, um von dort aus ihre Landwirtschaft zu betreiben) und vor allem all das Gold, Silber und Blei der Kathedralendächer konnten einem ganz neuen Zweck zugeführt werden – Geld für die Reichen zu machen.

Dies war ein ganz neues Motiv. Wie oben beschrieben brauchten die Reichen in feudalen katholischen Ländern einfach nicht mehr Geld. Mit dem, was sie hatten, konnten sie sich absolut alles leisten, was ihr Herz begehrte. Doch mit dem Zusammenbruch des Katholizismus kam ein neuer Geist auf. Möglich ist alles. Heinrich VIII. schuf eine ganz neue Klasse – Richter, Politiker und Planer, die aus dem Nichts kamen (wie sie es wohl selbst ausgedrückt hätten) und danach gierten, Geld und immer noch mehr Geld anzuhäufen, immer mehr Land in ihren Besitz zu bringen, und Geld und Land zu heiraten. Wie alle Emporkömmlinge waren sie skrupellos und hatten keinerlei Gefühl für jene Verantwortlichkeit gegenüber Pächtern und Feldarbeitern, die Bestandteil der ererbten Tradition des alteingesessenen Adels war; wild entschlossen machten sie sich daran, das Gesicht der Landschaft zu verändern.

Das große enclosure movement* in England hatte schon lange vor der Zeit Heinrichs VIII. begonnen, aber nach der Auflösung der Klöster schritt es zügig voran.

Die Selbstversorgungswirtschaft auf den alten Lehensgütern verhalf den Menschen zweifellos zu einem guten Leben, solange sie sich mit einfachen Dingen zufriedengaben, aber sie warf kein Geld ab. Sehr wahrscheinlich hatten viele Bauern im Mittelalter nie Geld in der Hand. Die Frauen spannen und woben Flachs, Nessel und Wolle (Nessel eignet sich gut für grobe Kleidung), lagerten die Milch vom Sommer in Form von Butter und Käse, pökelten Fleisch und brauten Bier, und die Männer pflügten und säten, schnitten das Getreide und tranken natürlich das Bier. Heutzutage ist es Mode, das Leben der Bauern im Mittelalter als kurz, dreckig und unzivilisiert schlecht zu machen, aber ich persönlich glaube einfach nicht, daß es so war. Zufällig führe ich selbst seit fünfundzwanzig Jahren ein solches Leben und empfinde es keineswegs so.

Das Leben des Bauern hätte ideal sein können, hätte er nicht Pacht bezahlen und den Zehnten abgeben müssen. Doch der Bauer schleppte auf seinem Rücken eine riesige Ladung Parasiten mit. Die Hälfte seiner Produkte heimste der Gutsherr ein, bevor sie überhaupt geerntet wurden, und zehn Prozent vom Rest riß sich der Priester unter den Nagel. Einen Großteil der Zeit, die er auf seinem eigenen Land hätte arbeiten können, mußte er mit Arbeit auf den Feldern des Gutsherren verbringen – ohne dafür bezahlt zu werden. Sogar die Wind- oder Wassermühle gehörte dem Herrn, und niemand durfte dort sein eige-

* Tendenz zur Parzellierung und Einzäunung bislang allgemein zugänglicher Weidegebiete (Anm. d. Ü.).

nes Korn mahlen; dies war die Aufgabe des herrschaftlichen Müllers, damit der Herr sich auch davon eine Scheibe abschneiden konnte. Für alles mußte der Bauer mit seinem Schweiß bezahlen – für die prachtvollen Pferde, den Hermelin, das üppige Essen, einfach alles.

Ich glaube, wir können einen recht guten Eindruck vom Leben eines mittelalterlichen Bauern gewinnen, wenn wir mit mittelalterlichen Bauern von heute zusammenleben. Genau das habe ich getan. Ich habe ein paar Monate in dem Dorf Barwasni in der Nähe von Sonepat im Pandschab verbracht, desgleichen einige Wochen und Tage in anderen bäuerlichen Gemeinschaften in Ländern wie Äthiopien (ein typisch mittelalterliches Land, bis die cubanisch-sowjetische Militärhilfe kam), Persien und Sri Lanka, und ich habe eine sehr genaue Vorstellung davon, wie das Leben der Menschen dort aussah (und noch aussieht). In allen Fällen habe ich festgestellt, daß dort, wo das Land den Bauern gehört (wie meinen Gastgebern in Barwasni), ein blühendes und angenehmes Leben herrscht. Wo die Hälfte oder drei Viertel der Ernte an einen parasitären Gutsbesitzer abgegeben werden mußte, war das Leben hart und entbehrungsreich. Aber selbst dort gab es Glück, Frohsinn und Vergnügen.

Dieses Buch beschäftigt sich zwar mit der Beziehung zwischen dem Menschen und der nicht-menschlichen Natur, aber die Grausamkeit des Menschen seinen Brüdern gegenüber scheint Hand in Hand zu gehen mit seiner Grausamkeit gegenüber der übrigen Natur.

Wollen wir noch einmal Robert Kett, den Anführer des Bauernaufstandes von 1549 in East Anglia, zu Wort kommen lassen, der so eindringlich das Joch der Armen schilderte, die von den Reichen unterdrückt wurden:

»Der Stolz der Mächtigen ist unerträglich geworden und unsere Situation elend. Sie genießen im Überfluß; sie baden in der Fülle aller Dinge, lassen sich von eitlen Vergnügungen und der Gier verzehren und vom lodernden Feuer ihrer Begierden verbrennen. Und wir, die die Arbeit fast umbringt und die das mit ansehen müssen, führen ein Leben, in dem es nichts gibt als Schweiß, Hunger und Durst . . .Unter den gegenwärtigen Umständen Land zu besitzen, ist eine elende Angelegenheit, und es ist sklavisch, alles den Vergnügungen der Mächtigen zur Verfügung stellen zu müssen; nicht aus freiem Willen, sondern weil es so vorgeschrieben ist, und nach dem Willen und zum Vergnügen des Herren. Denn sobald ein Mann irgendeinen dieser prächtigen Gentlemen beleidigt, wird er all seiner Habe beraubt und von seinem Hof gejagt ... Das Land, an das sich unsere Väter noch als an gemeinsamen Besitz erinnern, haben sie mit Hecken und Gräben eingegrenzt, die Weiden sind eingezäunt und wir stehen draußen ... Werden sie, so wie sie auf gemeinschaftlichem Weideland Hecken gezogen haben, in ihrer unerträglichen Gier auch die Annehmlichkeiten und Freuden des Lebens einzäunen, die die Natur, unser aller Mutter, jeden Tag aufs neue zum Wohle aller hervorbringt, für uns ebenso wie für sie? ... Andere Dinge hat uns die Natur nicht mißgönnt. Wir haben dieselbe Gestalt und werden unter denselben Umständen wie sie geboren, warum also sollten sie ein so ganz anderes Leben führen als wir und warum sollte sich ihre Arbeit so völlig von der unseren unterscheiden?«

Aber die Menschen auf diesem Planeten waren selten in der Lage, sich von der Tyrannei der Gutsherrschaft zu befreien. Der Grund dafür ist sehr einfach: Der Mann, der den Acker bestellt, hat keine Zeit, sich im Gebrauch von Waffen zu üben, noch sich in politische Intrigen zu stürzen oder militärische Selbstverherrlichung zu üben. Ganz anders der Mann, der in der Stadt lebt oder zumindest dort Fuß gefaßt hat. Eine auf einer Stadt basierende Regierung kann jederzeit Waffen und eine Armee befehligen. Dagegen ist der Bauer machtlos. Der Stadtmensch nimmt sich vom Bauern mit Waffengewalt, was er will. Hat der Bauer Glück, trifft man ein Abkommen, bei dem er zumindest weiß, wo er steht – er weiß, daß man ihn ausbeuten und ihm nur so viel lassen wird, wie er zum Überleben braucht (ein toter Bauer nützt schließlich niemandem); aber die Ausbeutung erfolgt zumindest unter dem Mäntelchen von »Gesetz« und »Anstand«. Grundherrentum ist eine Form der Schutzgeld-Erpressung: »Wenn du dich von uns auf friedlichem Weg ausrauben läßt, werden wir andere davon abhalten, dich mit Gewalt auszurauben!«

Trotz alledem wurden im Mittelalter zweifellos eine Menge Güter friedlich und mit glücklicher Hand geführt. Das damals herrschende Grundherrschaftssystem mit seinen Schranken und Gepflogenheiten sorgte dafür, daß das Leben nicht zu unerträglich wurde, und manch ein Gutsherr war gütig und human und empfand seinen Lehensleuten gegenüber dieselbe Loyalität, die er von ihnen erwartete. Die enorme Loyalität eines guten Infanterieoffiziers in einer modernen Armee seinen Männern gegenüber ist ein Beispiel für diese Art von Verhältnis. Ein guter

Zugführer in den beiden großen Weltkriegen gab keine Ruhe, bevor er nicht dafür gesorgt hatte, daß die unter seinem Kommando stehenden Männer so gut wie möglich untergebracht und versorgt waren, und umgekehrt erwartete – und bekam – er dieselbe Loyalität von ihnen.

Aber die neuen Gutsherren, die mit der Reformation auf den Plan traten, waren ein völlig anderes Kapitel. Sie kannten nur ein einziges Ziel: Geld. Und in England bedeutete das Schafe. Für die Schafzucht braucht man kaum Menschen, höchstens ein oder zwei Hirten, die sie hüteten, ein paar Hunde und ein paar obdachlose Landstreicher, die sie einmal im Jahr schoren. Für die Bauern war das das Ende. Die weiten Felder von früher mußten jetzt den Schafen Platz machen. Bevor es Zäune gab (und vergessen Sie nicht, daß Draht eine Erfindung aus jüngerer Zeit ist), konnten dort, wo es zu viele bestellte Felder gab, einfach keine Schafe existieren. Mit legalen oder illegalen Mitteln (unmoralisch waren sie in jedem Fall) vertrieben die Gutsherren die Bauern von ihrem Land. Banden von Bettlern zogen durchs Land, und viele der heimatlosen Bauern zogen in die immer schneller wachsenden Städte, um dort in den neuen Wollfabriken, die überall aus dem Boden schossen, zu arbeiten (o ja, wir wissen, daß es schon lange vor der Tudor-Zeit einen blühenden Wollhandel gab, der damals expandierte), oder auf Schiffswerften, in Eisengießereien, Glashütten oder irgendeiner anderen der hundert Industrie- und Handelszweige, die nach dem Ende des Mittelalters aufblühten.

Vom Standpunkt der nicht-menschlichen Natur war die Reformation in Nordeuropa eine Katastrophe. Die Wälder wurden brutal abgeholzt, weil man Holz für den Bau von Schiffen oder Holzkohle zum Schmelzen von Eisen, zur Herstellung von Glas und für andere Zwecke brauchte. Nach und nach verschwanden die Wälder ganz. Der zunehmende Bestand an Schafen verhinderte die Regeneration der Wälder. Zweihundert Jahre später wurde der Schafshuf in England als »goldener Huf« bezeichnet – wegen der positiven Folgen, die die Haltung von Schafen in Pferchen und auf dem Acker hatte. Ließ man sie jedoch frei über verlassene Landstriche wandern, richteten ihre Hufe und ihre Zähne, die alles radikal abfraßen, ungeheuren Schaden an.

Doch die Wolle gelangte in die Webereien und von dort als Tuch auf den Kontinent und brachte den neuen Gutsherren ungeheure Gewinne ein, während das Land erodierte und die armen Leute starben.

Dies war eine völlig neue Einstellung zur nicht-menschlichen Natur. Die Unbarmherzigkeit, die die Reichen den Armen gegenüber an den Tag legten, traf in vollem Umfang auch die nicht-menschlichen Lebewesen. Die mächtigen Eichen, die in stetig zunehmender Zahl gefällt wurden, um immer größere Schiffsflotten zu bauen, die über die Meere segelten, endeten schließlich als Treibholz. Die Habgier verursachte Krieg um Krieg, und im Laufe der nächsten hundert Jahre baute man aus gemordeten Eichen nur deshalb gigantische Flotten, um sie auf die gigantischen Flotten anderer Nationen loszulassen, auf daß sie sich gegenseitig mit Kanonen zerfetzen konnten. Diese Kanonen waren aus Eisen, das mit Holzkohle aus denselben Wäldern geschmolzen worden war, und sogar das Pulver wurde aus eben dieser Holzkohle gewonnen. Die Menschen, die sich noch an die Liebe und Sorgfalt erinnerten, die die Mönche den Wäldern, Obstgärten, Fischteichen, Flüssen und dem Land angedeihen ließen, müssen all dies mit großem Mißfallen und großer Trauer mit angesehen haben.

Königin Elisabeth I. (1533–1603) machte England in aller Welt »groß«, indem sie die Schiffahrt förderte, das katholische Europa in Gestalt der spanischen Armada besiegte (1588) und Kolonisten in Amerika ansiedelte. Die katholischen Länder Portugal und Spanien streuten die Samen zur Zerstörung des südamerikanischen Ökosystems, indem sie Konquistadoren in diese Länder schickten, während Britannien und Holland (ein starker, protestantischer Gegner) Nordamerika, Südafrika und den Ostindischen Inseln denselben Dienst erwiesen. Zunächst stellten die Handelsleute, Banditen und Siedler in den Ländern, die sie besuchten, keine große Belastung für die nicht-menschliche Natur dar, aber sie waren die Samen jener bösen Saat, auch wenn diese noch sehr lange in der Erde schlummern sollte.

Auf die Reformation folgte die Gegenreformation, und zeitweise sah es so aus, als würde sich diese durchsetzen. Aber die Ehrgeizlinge und die Leute voller Unternehmungsgeist waren allesamt auf der Seite des »Fortschritts«. König Karl I. (1600–1649) versuchte, diese Entwicklung zu verhindern, doch man schlug ihm den Kopf ab, und damit kamen die Dinge erst recht in Bewegung.

Der Fen-Distrikt wurde trockengelegt und damit das jahrhundertealte Gleichgewicht der Natur vollkommen gestört. Wo immer es möglich war, wurde dem Sumpf und dem Moor Land abgerungen. Ich persönlich glaube nicht, daß diese Landgewinnung und das Austrocknen den Zielen der Lebenskraft widersprach: Vielleicht hat es sie sogar begünstigt. Auf meiner Farm lege ich auch Morast trocken, wo immer ich es mir leisten kann (aber ich lasse auch etwas feuchten Boden: auch die gelben Iris und der Hahnenfuß sollen leben). Immer rascher wurden die Wälder abgeholzt, wurden Einzäunungen errichtet und Menschen von ihrem Land vertrieben. Jetzt nahm man auch den Bergbau ernsthaft in Angriff, um Metalle und Kohle zu gewinnen. Natürlich hatten schon die Römer Metalle geschürft und auch die Menschen lange Zeit vor ihnen, aber Kohle ist bis nach der Tudor-Zeit nie ernsthaft abgebaut worden. In dem Maße, in dem die Bevölkerung wuchs und der Waldbestand zusammenschmolz, brauchte man Kohle. Zweifellos trug sie dazu bei, das an Wald zu retten, was noch übrig war, besonders, nachdem man eine Methode gefunden hatte, mit Kohle Eisen zu schmelzen. Die Produktion von Eisen, Glas und Keramik erfordert enorme Mengen an Energie, und der Abbau der Kohle setzte in England gerade noch rechtzeitig ein, um das Abholzen der Wälder zu verhindern.

Was aber geschah während dieser Zeit mit der Einstellung des Menschen zur nicht-menschlichen Natur? Und wie stand es mit der Einschätzung des Platzes, den er in der übrigen Natur einnahm?

Unmittelbar nach der Reformation erfolgte in England (das ist zufällig das Land, das ich am besten kenne) eine dramatische Veränderung im Bereich der Architektur.

Aus der Zeit vor der Reformation kennen wir zwei Arten von großen Gebäuden: Kirchen und Schlösser. Die Schlösser dienten einem durch und durch praktischen Zweck: Sie wurden in den meisten Fällen von den erobernden Normannen gebaut, um von dort die Waliser und Engländer zu unterdrücken. (Natürlich haben die Normannen sie nicht selbst gebaut. Alle Eroberer haben die Angewohnheit, die besiegten Völker dazu zu zwingen, ihre eigenen Ketten zu schmieden. Gebaut wurden sie von Engländern und Walisern unter der Peitsche der normannischen Aufseher.) Als die Normannen sich durch Heirat mit ihnen vermischten und anglisiert wurden, verloren sie das Interesse am Bau weiterer Schlösser; hätte das mittelalterliche Herrschaftssystem ewig weiter bestanden, hätte man, da man sie nicht mehr brauchte, aus ihren Steinen zweifellos neue Gebäude errichtet und sie wären in die Vergangenheit eingegangen.

Die wirklich großartigen Gebäude freilich waren die Kirchen, besonders natürlich die Kathedralen. England war in dieser Beziehung keine Ausnahme. Überall, wo es das Christentum gab, baute man Kathedralen, und ihre Einheitlichkeit – die Tatsache, daß neue Stile im Kirchenbau sich so schnell über ganz Europa verbreiteten – zeigt, daß das Christentum eine Einheit war.

Die großen Kathedralen sind ohne Zweifel die herrlichsten und großartigsten Gebäude, die der Mensch je errichtet hat. Sie sind nicht nur gigantisch, sondern auch vollendet schön und ausgewogen. Wir modernen Menschen können uns unmöglich vorstellen, wie sie gebaut wurden. Wenn man sich vor Augen hält, wie die Menschen Stein auf Stein bis in schwindelnde Höhen setzten, wie sie in Höhen, die dem mittelalterlichen Menschen schon wie der Himmel vorgekommen sein müssen, grandiose Bogen und Gewölbe bauten, wie sie alle Flächen mit den herrlichsten und kunstvollsten Verzierungen schmückten und dabei einen absolut sicheren Geschmack bewiesen – dann hat man den Eindruck, daß der mittelalterliche Steinmetz einfach nicht fehlgehen konnte. Wie sehr können sich dagegen unsere modernen »Architekten« versehen!

Man muß einmal die Vorbereitungen zum Bau eines heutigen Bürogebäudes mit denen zum Bau der Lady Chapel der Kathedrale von Ely (Ende des 11. Jahrhunderts begonnen, in gotischer Zeit vollendet) vergleichen.

Bevor so ein Büroblock gebaut werden kann, braucht es jahrelange Verhandlungen, Planungsstäbe, ganze Armeen von »Architekten« und Zeichnern, Tausende und Abertausende von Arbeitsstunden, Berge von Papier mit Aufzeichnungen und Berechnungen über Ausmaße, Statik und Kosten, Beschaffenheit und Eigenschaften des Baumaterials und was weiß der Himmel. Dann kommen die Bauleute. Ein Heer von Arbeitern, Kolonnen von Kippladern, riesigen Rammen und Baggern, mehrere hundert Tonnen von Stahlarmierung, tausend und abertausend Tonnen Beton, gigantische Kräne, zugegebenermaßen wahre Konstruktionswunder – und dann viele, viele Streiks und Arbeitsniederlegungen und Kosten, die von Tag zu Tag steigen, weil alle möglichen »unvorhergesehenen Faktoren« ins Spiel kommen – bis endlich ein Gebäude fertig ist. Ob das schrecklich ist oder nicht, wollen wir hier nicht erörtern – derlei Urteile müssen subjektiv sein. Und der Zweck des Bauwerks? Natürlich soll es dem Millionär, der es gebaut hat, Geld einbringen. Doch der praktische Zweck besteht am Ende darin, daß das Gebäude sich Tag für Tag mit Hunderten von

Angestellten und Sekretärinnen füllt, die sich gegenseitig Schriftstücke zuschieben.

Betrachten Sie jetzt einmal, wie der Bau der Lady Chapel, jenes unvergleichlich schönen Anbaus an die Kathedrale von Ely, begonnen wurde. Der ›Ely Chronicle‹ gibt uns darüber Auskunft.

Alan of Walsingham, der Küster (der später verantwortlich für den Bau der neuen Laterne der Kathedrale war – sie wiegt vierhundert Tonnen, hat einen Durchmesser von knapp fünfundzwanzig Meter und erhebt sich achtundzwanzig Meter über den Boden), besprach den Plan zum Bau der Lady Chapel mit Bruder John, seiner rechten Hand. »Bruder John nahm Zuflucht zum Gebet, und danach rief er seine Gefährten zusammen, von denen einige Mönche waren, andere wiederum Weltgeistliche. Sie alle bat er, sich zu einer bestimmten Stunde einzufinden und ihm zu helfen, ein quadratisches Stück Erde auszuheben, das als Fundament für den ganzen Bau dienen sollte.

Also fanden sie sich eines Abends zur festgesetzten Zeit ein und begannen zu graben, jeder an dem Platz, der ihm zugewiesen worden war . . .

Fast die ganze Nacht brachten sie so zu, und in der frühen Dämmerung setzte leichter Regen ein, sehr zum Mißfallen derer, die da gruben. Da rief Bruder John seine Gefährten von der Arbeit weg und sagte: ›Meine Brüder und ihr, die ihr mit uns arbeitet, ich danke euch von ganzem Herzen für eure ausdauernde und wohlgetane Arbeit. Es ist gut, nach der Arbeit ein wenig auszuruhen. So will ich euch Gott anempfehlen. Möge Er auch eure Arbeit in vollem Umfang lohnen.‹«

Bedenken Sie das, meine Herren – und stellen Sie sich dann die endlosen Verhandlungen vor, wenn einem Unternehmen der Auftrag erteilt wird, Ihnen einen Wohnblock hinzustellen!

Worin besteht der Unterschied? Die mittelalterlichen Bauleute bauten zum Ruhme Gottes! Ob Gott existiert oder nicht, ist dabei völlig gleichgültig – für sie existierte er! Sie bauten zum Ruhme Gottes. Und sie glaubten, daß Gott ihnen »ihre Arbeit in vollem Umfang lohnen« würde – daß niemand sonst das tun würde, wußten sie verdammt gut!

Zweifellos hat es zu allen Zeiten Menschen gegeben, die das Gefühl hatten, zum Ruhme Gottes zu arbeiten. Viele gute Handwerker und Künstler tun das sogar noch heute – auch wenn sie der Ansicht sind, daß sie gar nicht an Gott glauben. Vielleicht ist auch das mein Motiv für dieses Buch. Jedenfalls möchte ich das gerne glauben, denn wenn es nicht so wäre, wäre es keinen Pfifferling wert. Doch seit der Reformation ist in England kein wirklich großes Bauwerk mehr aus irgendeinem anderen Grund als zur Verherrlichung des Menschen errichtet worden.

Die neue St. Paul's Cathedral, die späteren Colleges in Oxford und Cambridge und vor allem die riesigen und luxuriösen Landsitze, die überall in der Landschaft stehen – sie alle wurden zum Ruhm des Mannes oder der Leute gebaut, die dafür bezahlten. Für die Kathedralen hat niemand bezahlt; sie wurden mit dem Schweiß ehrlicher Bauern und Handwerker, mit ihrem Eifer und ihrer Liebe »bezahlt«. Wessen Lob haben sie gesungen, während sie sich mit den groben Holzwinden abplagten, die riesige Steinblöcke sechzig oder sogar neunzig Meter hoch in den Himmel hievten?

Und doch können wir mit unseren turmhohen Kränen, unseren Betonmischern, vorgefertigten Betonteilen und unserer ganzen modernen Technik nichts bauen, was sich mit ihren Bauwerken messen könnte. Denn was sie bauten, war unglaublich prächtig und wird auf diesem Planeten wahrscheinlich nie mehr seinesgleichen finden.

Also, vor der Reformation bauten die Menschen zum Ruhme Gottes, danach zur Verherrlichung des Menschen – so einfach ist das.

Und was hat all das mit der Einstellung des Menschen zur übrigen Natur zu tun?

Nun, jetzt stehen die Kulissen für unser nächstes Kapitel, das im »Zeitalter der Vernunft« spielt.

## Kapitel 9
## Der Mensch im Zeitalter der Vernunft

> Daraus folgt, daß Recht und Gesetz der Natur, unter dem alle geboren werden und in der Hauptsache leben, nichts verbietet als das, was niemand will und niemand kann ...
>
> Spinoza*

Es ist lehrreich, die gedankliche Entwicklung des Menschen in Europa im 17. und 18. Jahrhundert nachzuvollziehen.

Nach über anderthalb Jahrtausenden der Bildungsfeindlichkeit machte der westliche Mensch plötzlich die Entdeckung, daß er seinen Verstand benutzen konnte, ohne daß ihn religiöse Dogmen oder die Angst vor der Hölle daran hinderten.

Natürlich hat man zunächst noch sehr gezögert. So gab es zum Beispiel jenen Philosophieprofessor in Padua, der sich weigerte, einen Blick durch Galileis Fernrohr zu werfen, weil er Angst hatte, die Wahrheit zu erblicken. Doch nach Galilei verlagerte sich die philosophische Spekulation von der katholischen Welt zur protestantischen, und danach konnte nichts mehr ihre Entwicklung bis zu dem Punkt, an dem wir heute angelangt sind, aufhalten.

Zunächst mußten die Philosophen den Glauben an Gott nicht fordern, denn sie glaubten wirklich an ihn und nahmen die von der Bibel »offenbarte Wahrheit« für selbstverständlich. Mit ihrem Gewissen konnten sie diese Position recht gut vereinbaren, indem sie einfach behaupteten, Vernunft sei eine Sache und Glaube eine andere. Sie heuchelten einfach Glauben und ließen es dabei bewenden. Doch in ihre philosophischen Überlegungen bezogen sie ihn nicht mit ein.

Der Franzose René Descartes (1596–1650) schrieb um 1637: »Denn sie (sc. einige allgemeine Grundbegriffe in der Physik) haben mir gezeigt, daß es möglich ist, zu Kenntnissen zu kommen, die von großem Nutzen für das Leben sind, und statt jener spekulativen Philosophie, die in den Schulen gelehrt wird, eine praktische zu finden, die uns die Kraft und Wirkungsweise des Feuers, des Wassers, der Luft und der Sterne, der Himmelsma-

* Baruch de Spinoza: Theologisch-politischer Traktat (1670). Hamburg 1955, S. 275.

terie und aller anderen Körper, die uns umgeben, ebenso genau kennen lehrt, wie wir die verschiedenen Techniken unserer Handwerker kennen, so daß wir sie auf ebendieselbe Weise zu allen Zwecken, für die sie geeignet sind, verwenden und uns so zu *Herren und Eigentümern der Natur* machen könnten.«*

Der Teilsatz, den ich in diesem Abschnitt durch kursive Schrift hervorgehoben habe, liefert den ersten Hinweis auf diese neue Vorstellung, daß der Mensch von der Natur getrennt sei und sie kontrollieren und »beherrschen« könne, den ich in der philosophischen Literatur entdecken konnte. In England kam Francis Bacon (1561–1626) mit seinen Schriften dieser Vorstellung ziemlich nahe; er wollte »die Grenzen der menschlichen Macht und Größe nach allen Seiten hin ausweiten«. Obwohl Descartes sich während seines ganzen Lebens zum Katholizismus bekannte, wirkte er wie eine Riesenladung Dynamit, als er Jahrhunderte verstaubter und trostloser Scholastik wegfegte und den menschlichen Glauben an eine offenbarte Religion erschütterte.

Bacon und Descartes öffneten die Schleusentore. Durch sie strömten die Propheten des neuen Zeitalters herein. Überraschend früh schon kam Thomas Hobbes (1588–1679) und schrieb (obwohl er jeden Sonntag wie ein braver Junge zur Kirche ging), daß der Mensch keine Seele habe, daß das Gehirn rein mechanisch funktioniere, und daß Stimuli von außen Reaktionen im Gehirn hervorriefen, die dazu führten, daß das Gehirn wiederum den Körper zu verschiedenen Reaktionen veranlaßte.

Spinoza war nahe daran, ein Atheist zu werden, obwohl es auch ihm gelang, zumindest anderen Leuten vorzumachen, daß er die offenbarte Religion noch akzeptierte.

Baruch de Spinoza (1632–1677) war ein fast vollkommenes Beispiel für eine neue Sorte Mensch. In seiner Vorstellung maß er dem Gefühl keinerlei Bedeutung bei – er war ein extremes Beispiel für einen Menschen, der die »linke Gehirnhälfte« unter völligem Ausschluß der »rechten« entwickelt hat, um auf jenes Bild zurückzukommen, das wir in unserem Kapitel über den Buschmann Joseph benutzt haben.

Stuart Hampshire weist (in seinem brauchbaren, kleinen Buch über Spinoza) darauf hin, daß Descartes, Leibniz und

* René Descartes: Von der Methode des richtigen Vernunftgebrauchs und der wissenschaftlichen Forschung. Hamburg 1960, S. 101.

Spinoza absichtlich auf Latein schrieben, weil man es, »nachdem es als poetische und gesprochene Sprache so gut wie nicht mehr verwendet wurde, völlig formal und abstrakt und ... extrem eindeutig gebrauchen konnte; man konnte den Wörtern eine genaue, technische Bedeutung zuweisen, die vergleichsweise wenig mit ihrem sich wandelnden und übertragenen Gebrauch in der gesprochenen Sprache zu tun hatte«.

Wissenschaftliche Schlüssigkeit konnte von da an nur noch durch die Verwendung von Mathematik erzielt werden. Es ist phantastisch, wie weit die Mathematik die Erforschung der Wahrheit über das physikalische Universum treiben konnte; den Höhepunkt erreichte sie mit Albert Einstein (1879–1955), bei dem es vor seinem Tod Anzeichen dafür gab, daß er sich bei der Suche nach der Wahrheit auf Inspiration – also etwas mehr als bloße Mathematik – verließ, um zu weiterführenden Erkenntnissen zu gelangen. Mag sein, daß Einstein seine linke Gehirnhälfte ungeheuer weit entwickelt hatte, doch darin, daß er seine rechte nicht völlig ignorierte, bildete er eine Ausnahme unter den Wissenschaftlern der westlichen Welt.

Bei den ersten Rationalisten hingegen kommt die Einstellung zur hinderlichen rechten Gehirnhälfte recht deutlich in ihrer Einstellung zur Dichtung zum Ausdruck.

Jean-Baptiste Rousseau (1670–1741) behauptete, Descartes habe »der Poesie die Kehle durchschnitten«. John Locke (1632–1704) vertrat die Ansicht, daß Eltern, bei deren Kind sich eine Neigung zur Poesie zeige, »alles tun sollten, um sie möglichst im Keim zu ersticken und zu unterdrücken«. David Hartley* behauptete, daß Poesie »in den frühen Epochen, als das Wissen noch in den Kinderschuhen steckte, eine natürliche Sache gewesen« sei, und daß »die Freude an der Vorstellungskraft für den Menschen im Frühstadium des Erwachsenseins dasselbe bedeute wie Spielsachen für Kinder«. Er war auch der Ansicht, daß »Musik, Malerei und Dichtung in den meisten Fällen eng mit dem Laster verwandt« seien. »Die schönen Künste können nur in spärlichem Umfang zugelassen werden, es sei denn, sie sind religiösen Zwecken geweiht.«

Schließlich gab John Locke in England der Dichtung noch eins drauf, nachdem es Descartes nicht gelungen war, sie ganz zu zerstören!

* David Hartley: Observations on Man, His Frame, His Duty, and His Expectations (geschrieben 1749).

Die neue, nüchterne Philosophie der reinen Vernunft schaffte es am Ende, die Einheit von Herz und Kopf (oder rechter und linker Gehirnhälfte, wenn wir uns an diese ziemlich unwahrscheinliche anatomische Verteilung halten) – die Synthese von Denken und Gefühl, aus der allein wahre Dichtung entstehen kann – zu zerstören. Thomas Sprat hat es so formuliert: »Als das mythische Zeitalter vorbei war, brauchte die Philosophie etwas mehr Mut; und sie wagte mehr, als sie sich ohne Hilfe der Poesie auf ihre eigene Kraft verließ.«

Was die Religion und all die trostlosen Spekulationen jener unsagbar trostlosen Vertreter verschiedener Schulen anging, so hat sich die katholische Christenheit ein warmes und liebevolles Verhältnis zur übrigen Natur bewahrt – und bewahrt es bis heute in den wenigen Winkeln der Welt, wo sie noch existiert. Die frühen Christen waren so vernünftig, die Myriaden von Schutzgöttern der Heiden vor ihnen zu übernehmen und in die christliche Bildersprache einzugliedern. Die tausend »Muttergottes von sowieso«, die es über ganz Europa (das katholische Indien, Südamerika und sogar Japan) verstreut gibt, sind nichts anderes als alte Naturgottheiten, die man gesellschaftsfähig gemacht hat.

Solange der Mensch solche regionalen Gottheiten (denn Gottheiten waren sie tatsächlich) anerkannte, nahm er auch davon Abstand, sich gegenüber der restlichen Natur allzu unbarmherzig zu verhalten. Wenn man wirklich glaubt, daß »Maria von der Quelle« den Menschen in einem bestimmten Tal erscheint, kann man dort nicht auf einmal mit Kreissäge und Bulldozer ankommen. Die australischen Aborigines kämpften verzweifelt für die Erhaltung der Landstriche, die ihnen noch übriggeblieben sind, eben weil diese Orte heilige Orte sind.

Der neue protestantische Geist hat mit allen heiligen Orten aufgeräumt. So schreibt Richard Hooker in seiner ›Ecclesiasticall Polity‹* über die Schöpfungen, die der Phantasie von Menschen entsprungen waren, die irgendeinem geliebten Ort eine bestimmte Bedeutung beimessen wollten: »Sie (die lokalen Geister) sind überall, in der Luft, auf der Erde, in den Mineralien, in Tälern und unterirdischen Höhlen; sie haben wahrhaftig alles versucht, um einen allgemeinen Aufstand gegen die Gesetze zu bewirken, und insofern wirken sie äußerst zerstörerisch auf die

* Richard Hooker: Of the Lawes of Ecclesiasticall Polity. Geschrieben um 1593 bis 1597, letzte Ausgabe Kent 1909.

Werke Gottes. Die Heiden verehrten diese bösen Geister anstelle von Göttern, und im allgemeinen bezeichnen sie beide als dei inferni; einige verehrten sie in Orakeln, einige mit Götzenbildern, einige als Hausgötter, andere als Nymphen; in einem Satz: Es gab keinen schlechten und bösen Geist, der von den Menschen nicht als Gott verehrt wurde, bis die Zeit des Lichts auf der Welt anbrach und die Werke des Teufels vernichtete.«

Solches Denken führte zu fanatischen Hexenverfolgungen unter den Puritanern, bei denen Frauen zu Hunderten gejagt, angeklagt, gefoltert und verbrannt wurden. Vom Standpunkt jeglicher Lebenskraft aus war es noch folgenschwerer, daß der Weg für eine noch rücksichtslosere Ausbeutung der nichtmenschlichen Natur bereitet wurde. Nichts durfte sich dem Descartes'schen Versuch, uns selbst zu den Herren und Besitzern der Natur zu machen, in den Weg stellen – keine Liebe zu einem Ort, keine Gefühle.

Es ist eine interessante, wenn auch verzweifelt traurige Erfahrung, mitten auf einem riesigen Gerstenfeld in East Anglia oder in der Gegend von Hannover zu stehen, ringsum nichts als plattgewalztes Land zu sehen und zu denken: Vielleicht war hier, wo ich stehe, einmal eine heilige Höhle, in der sich Menschen vor langer Zeit bei einer wohlgesinnten Gottheit Trost und Kraft holten.

Dies bringt uns zu der entscheidenden Frage, ob die Menschheit mit ihrer Suche nach der Wahrheit fortfahren soll oder nicht. Wenn die Suche nach der Wahrheit zum Bösen führt – sollten wir sie dann nicht aufgeben? Bevor jeder anständige Rationalist dieses Buch angewidert in die Ecke schleudert und sich fest vornimmt, nicht mehr weiter zu lesen, möchte ich sagen: Natürlich müssen wir um jeden Preis immer weiter nach der Wahrheit suchen!

Aber vom Standpunkt des nicht-menschlichen Lebens auf diesem Planeten (und, wie es aussieht, auch vom Überlebensstandpunkt des Menschen aus) wäre es weitaus besser gewesen, wenn die Menschheit die heidnischen Götter überhaupt nie verbannt hätte. Zumindest hat es zum gegenwärtigen Zeitpunkt den Anschein.

Wenn wir überleben wollen, müssen wir vielleicht wieder zu dieser Ehrfurcht vor Orten in der Natur zurückfinden – zu dieser Verehrung des Geistes, dessen Präsenz wir an bestimmten Orten, die uns lieb sind und die unserem Leben Bedeutung geben, fühlen. (Ja – aber hat nicht das Zeitalter der Vernunft das Gefühl zerstört? Heutzutage denken wir doch nur, oder?)

Die Suche nach der Wahrheit jedenfalls darf die Menschheit nicht aufgeben, so sehr sie es auch wünschen mag. Als die Lebenskraft uns hervorgebracht/geschaffen/erträumt hat, hat sie dafür gesorgt. Nein, wir können nie mit der Suche nach der Wahrheit aufhören. Ich plädiere jedoch dafür, daß wir diese Suche auf der ganzen Linie durchführen, mit unserer Vernunft, unterstützt durch unsere Vorstellungskraft – also mit beiden Gehirnhälften, daß wir dabei Demut walten lassen und uns ständig dessen bewußt sind, daß die Natur uns zu einem bestimmten Zweck – ihrem Zweck, und nicht nur unserem – hierher gestellt hat.

Michel de Montaigne (1533–1592) hat geschrieben: »Nur wer unsere Mutter Natur in ihrer ganzen Größe und Üppigkeit betrachtet, ist in der Lage, den wahren Wert der Dinge zu ermessen.« Bravo! Und Jean-Jacques Rousseau hat geschrieben: »Es ist ein edles und schönes Schauspiel zu sehen, wie sich der Mensch sozusagen durch eigene Kraft aus dem Nichts emporhebt; wie er durch das Licht der Vernunft all die dicken Wolken, in die ihn die Natur eingehüllt hat, verscheucht; wie er über sich selbst hinauswächst; wie er in Gedanken selbst in himmlischen Regionen schwebt; wie er, der Sonne ähnlich, mit riesigen Schritten die unendliche Ausdehnung des Universums durchmißt; und wie er – und das ist noch großartiger und wunderbarer – zu sich selbst zurückkehrt, um den Menschen zu erforschen und seine eigene Natur, seine Pflichten und seine Bestimmung kennenzulernen. All diese Wunder haben wir in den letzten paar Generationen sich wieder ereignen sehen.«

Aber natürlich beinhaltet die Wahrheit weit mehr als nur solche Belanglosigkeiten wie etwa die Frage, ob sich die Erde um die Sonne oder die Sonne um die Erde dreht. Alle derartigen Wahrheiten verändern sich ohnehin. Wie Einstein uns gezeigt hat, ist alle Bewegung relativ. Die Behauptung, daß die Erde der eine Fixpunkt im Universum ist und alles andere sich um sie herumbewegt, ist ebenso wahr wie die, daß die Sonne im Verhältnis zur Erde ein Fixpunkt ist. Kann es denn überhaupt einen Fixpunkt im Universum geben? Die frühen Metaphysiker glaubten an einen solchen Fixpunkt, und der war Gott.

Aber vielleicht können wir von der Gleichgültigkeit der Hindu gegenüber solch banalen Splittern von »Wahrheit« lernen. Dem in den Schriften bewanderten Brahmanen ist es ganz egal, ob sich die Sonne um die Erde bewegt oder umgekehrt. Ihn interessieren weit tieferliegende Aspekte der Wahrheit.

Selbst David Hume (1711–1776) schrieb, nachdem er alle christlichen und judaischen Wunder rücksichtslos entlarvt hatte: »Unsere allerheiligste Religion gründet sich auf Glauben, nicht auf Vernunft. Es ist der sichere Weg, sie bloßzustellen, wenn man sie einer solchen Probe aussetzt, die zu bestehen sie in keiner Weise geeignet ist.«* Anders ausgedrückt: Wir tun einfach so, als würden wir das ganze Geschwätz glauben, so daß wir uns wieder dem Gebrauch unserer Vernunft – dem reinen Verstand – zuwenden können.

Den Franzosen blieb es vorbehalten, das Kind mit dem Badewasser auszuschütten, denn in Frankreich waren die neuen Aufklärer noch immer mit all dem primitiven Aberglauben der unreformierten katholischen Kirche konfrontiert.

Paul-Henri Thiry d'Holbach (1723–1789) behauptet in seinem ›System der Natur‹ (1770), daß überhaupt nichts hinter der Natur stecke. Der Mensch habe Gott nur erfunden, weil er die Natur nicht gut genug kannte. »Begnügen wir uns also damit zu sagen, daß die Materie von jeher existiert hat, daß sie sich ihrem Wesen gemäß bewegt und daß alle Erscheinungen der Natur durch die verschiedenen Bewegungen der unterschiedlichen Stoffe bedingt sind, die sie in sich birgt.«** Der Mensch sei ein rein physisches Gebilde, habe keine Seele, seine moralische Natur sei nur ein Teil seiner physischen, doch wir haben uns von der Natur entfernt und daher stamme unser ganzes Unglück.

Holbach wird immer als einer der ersten wirklichen Atheisten angesehen – aber ist das überhaupt Atheismus? Holbach hat Gott abgeschafft – aber er verehrte die Natur. Wo liegt da der Unterschied? Die Beantwortung dieser Frage muß ich Leuten überlassen, die weitaus belesener sind als ich.

Die frühen Atheisten waren in jedem Fall auch Moralisten. Holbach hielt die Menschen weder für gut noch für schlecht – sie sind Maschinen, aber sie sind altruistisch, weil es sie selbst glücklich macht, andere glücklich zu machen. Das war Atheismus in bester Absicht. Man muß dem Menschen beibringen,

* David Hume: Eine Untersuchung über den menschlichen Verstand. Hamburg 1964, S. 154.

** Paul-Henri Thiry d'Holbach (Pseudonym Mirabaud): System der Natur oder Von den Gesetzen der physischen und der moralischen Welt. Berlin (DDR) 1960, S. 31f.

daß nichts hinter der Natur steckt und er deshalb lernen muß, sich nur auf sich selbst und sein Gehirn zu verlassen, und daß es an ihm – und nur an ihm – liegt, tugendhaft zu sein. Tugend als Selbstzweck, ohne den Gedanken an Belohnung oder Bestrafung im Himmel oder in der Hölle. Der neue Atheismus verbreitete sich über die ganze westliche Welt und ist heutzutage die offizielle Religion eines großen Teils davon (der Völker der UdSSR und ihrer neuen Kolonien); tatsächlich glaubt bei weitem der größte Teil der gebildeten Menschen in der westlichen Welt daran. An dieser Stelle muß ich noch einmal die Frage stellen, warum die sogenannten Christen so ungern sterben.

Im Zusammenhang mit diesem Buch interessiere ich mich nur insofern für den Atheismus – oder irgendein anderes Gedankensystem –, als ich versuche, seine Folgen, positive wie negative, für die übrige Natur – die Natur-außer-dem-Menschen – zu beurteilen. Oder die Natur-einschließlich-des-Menschen, wenn Sie so wollen.

Hat der Atheismus nun Gutes oder Böses bewirkt?

Diese Frage, mein Herr, ist nicht gestattet.

Es ist nicht erlaubt, für die Beibehaltung oder Abschaffung eines Glaubens einzutreten, indem man feststellt, ob er gute oder schlechte Ergebnisse hervorbringt. Das einzig statthafte Kriterium für die Feststellung der Wahrheit ist: Ist etwas wahr? Ist es wahr, daß es keinen Gott gibt? Wenn unsere Vernunft – ja, und unser Herz – uns zu dem Glauben führt, daß es wahr ist, dann müssen wir es glauben, auch wenn dieser Glaube zur Zerstörung des Universums führt! Wir müssen herausfinden, ob irgendein vorhandener Glaube wahr ist – und nicht, ob er sich positiv auswirkt. In unserer Zeit gibt es Menschen (ich bewundere sie), die möchten, daß wir alle wieder der katholischen Kirche beitreten, denn wenn wir das täten, würde das die Natur und die Menschheit retten. Ich persönlich halte das durchaus für möglich, ja sogar für wahrscheinlich. Aber für mich ist das ganz bestimmt kein Grund, der katholischen Kirche beizutreten. Denn da ich versuche, ehrlich zu bleiben und meine Integrität zu wahren, werde ich nichts glauben, oder mir auch nur vormachen etwas zu glauben, nur weil es zweckmäßig wäre. Wenn die Menschheit weiterhin nicht an die Existenz eines Gottes glaubt, wird sie im Endeffekt wahrscheinlich alles Leben auf diesem Planeten zerstören. Aber diese Tatsache ist kein Grund dafür, wieder an Gott zu glauben. Ich halte mich da fest an die Überzeugung der Hindus, daß der Zweck die Mittel nicht heiligt. Wenn ich das Mittel, etwas zu »glauben«, was ich nicht wirklich glaube, einsetzen muß, um das Ziel der Erhaltung des Lebens auf dieser Erde zu erreichen, dann, fürchte ich, wird das Leben abtreten müssen. Für mich (und ich glaube, für jeden ehrlichen Menschen) ist die Wahrheit wichtiger als das Leben auf diesem oder irgendeinem anderen Planeten – sie ist das einzige, was wirklich zählt.

Nun wollen wir uns aber wieder eifrig auf die Suche nach der ganzen Wahrheit begeben (denn schließlich hängt das Leben unserer Nachkommen davon ab). Die frühen Rationalisten taten recht daran, mit dem Aberglauben aufzuräumen. Es war richtig, daß sie nach der Wahrheit suchten. Und sie kamen zu Recht zu den Schlußfolgerungen, die sie zogen. Nur waren diese Schlußfolgerungen nicht unbedingt richtig. Ich glaube, es war falsch, daß sie nur von einer Hälfte ihrer selbst Gebrauch machten, und diese Tatsache – daß sie »der Poesie die Kehle durchschnitten haben« – führte dazu, daß sie falsche Schlußfolgerungen zogen. Doch wir wollen dankbar sein, daß sie eine Menge Schutt beiseite geräumt und den Weg freigemacht haben, so daß die Menschen nach ihnen mit der Suche fortfahren konnten – mit jener Suche nach der Wahrheit, der ganzen Wahrheit und nichts als der Wahrheit, die zu verfolgen offenbar die Bestimmung des Menschen ist. Mit weniger sollten wir uns nicht zufriedengeben.

## Kapitel 10
## Der Mensch im industriellen Zeitalter

> Wir Menschen des 19. und 20. Jahrhunderts zeichnen uns durch die wenig beneidenswerte Besonderheit aus, in der langen Geschichte der Menschheit die erste häßliche Zivilisation hervorgebracht zu haben. Das industrielle Zeitalter hat unzählige Verbesserungen mit sich gebracht, aber es hat eine Umwelt für diese Menschen geschaffen, deren Anblick fast ein Alptraum ist.
>
> Sir John Rothenstein*

Was wurde in diesem strahlenden Zeitalter der Vernunft aus der großen Masse? Ihre Situation beschreibt James Thomson (1700–1748) recht prägnant in seinen schwerfälligen Versen:

Während so die arbeitenden Massen
rackern und schuften, führt Philosophie
das Zepter.

Dieses Buch handelt von menschlicher Inhumanität gegenüber dem Menschen nur insoweit, als der Mensch ein Teil der Natur ist. Sich einem Menschen gegenüber abscheulich zu verhalten, ist genauso gegen die Lebenskraft, wie einen Baum schlecht zu behandeln.

Während des 17. und 18. Jahrhunderts wurde das Land in England immer erbarmungsloser eingezäunt, immer mehr Menschen wurden von ihrem Grund und Boden vertrieben und immer mehr Land wurde bebaut, um Profit daraus zu schlagen – und meistens Profit für Leute, die ohnehin schon zu viel Geld hatten. Natürlich verdienten daran die Landbesitzer, nicht die Bauern und schon gar nicht die Landarbeiter.

Nur sehr wenige Schriftsteller nahmen die hoffnungslose Situation des entwurzelten Bauerntums wahr. Einer von ihnen war William Cobbett (1763–1835): »Die Arbeiter leben in erbärmlichen Verhältnissen. Ihre Wohnstätten sind wenig besser als Schweinekoben, und man sieht ihnen an, daß ihre Nahrung nicht annähernd so gut ist wie die von Schweinen. Ihre jämmerlichen Elendsquartiere stehen auf schmalen Landstreifen ent-

* Leserbrief an die ›Times‹, 20. Februar 1965.

lang der Straße, wo mehr Platz zur Verfügung stand, als die Straße einnimmt. Vielerorts sind diese Elendsquartiere nicht einmal zwei Quadratruten [etwa zwanzig Quadratmeter] groß. Es sieht aus, als hätte ein Wirbelsturm sie von den Feldern gefegt und sie hätten im Straßengraben Unterschlupf gefunden! Gestern früh herrschte strenger Frost; und so mußten diese elenden Kreaturen hinaus auf ihre winzigen Fleckchen Acker und die Kartoffeln ausgraben ... Und das soll dann ›Wohlstand‹ sein?«*

Unermüdlich wetterte Cobbett gegen diese »Ochsenfrösche«, wie er sie nannte – jene unersättlichen Landwirtschafts-Kapitalisten, die das Land aus keinem anderen Grund bestellten (oder bestellen ließen), als um damit Geld zu machen. Nur dort, wo das Land unwegsam oder durch Wälder in viele kleine Abschnitte zerteilt war, konnten die Landbesitzer und Großbauern nicht alles in ihre gierigen Hände bekommen. In einem bewaldeten Gebiet sah es dann so aus: »Den Menschen, die dort arbeiten, geht es recht gut. Sie haben Schweine. Zweifellos geht es ihnen am besten in Wäldern, Gehölzen und unwirtlichen Gegenden. Wo die Mächtigen und Habierigen alles in ihrer Hand haben, können sie es zu nichts bringen.«

Aber inwieweit betrifft das unser Anliegen – welche Auswirkungen hat all das auf die nicht-menschliche Natur? Na ja, vorerst noch keine völlig katastrophalen, aber schon verdammt ungünstige. Denn schließlich hat es zur Monokultur geführt.

Der Bauer, der seinen gesamten Bedarf an Nahrung und Kleidung von seinem Stück Land decken muß – oder auch die autarke Dorfgemeinschaft –, ist gezwungen, mit seinem Boden, der Ernte und den Tieren haushälterisch und in organisch gesunder Weise umzugehen. Er kann sich keine Monokultur leisten, kann nicht nur eine Getreidesorte anbauen, auch wenn er das gerne möchte.

Der neue Typus des kommerziellen Farmers – Cobbetts »Ochsenfrosch« – hat ausprobiert, welche Form der Bebauung die profitträchtigste ist, und sich schließlich ganz darauf spezialisiert. Ich werde versuchen zu erklären, warum dies erst hundert Jahre nach Beginn der industriellen Revolution möglich war – aber letztendlich kam es so.

Dies soll zwar kein Buch über Landwirtschaft werden, aber

* William Cobbett: Rural Rides in the Counties of Surrey, Kent, Sussex ... (Erschienen 1830.)

die Landwirtschaft muß darin eine Rolle spielen, weil sie die Einstellung des Menschen gegenüber der nicht-menschlichen Natur am deutlichsten widerspiegelt.

Um Gedankengänge zu verdeutlichen, ist es manchmal nützlich, von Annahmen auszugehen; ähnlich, wie wir am Anfang dieses Buches von einem unvorstellbar großen Mann mit langem, weißem Bart und kräftiger Stimme ausgingen, der mit den Sternen spielt. An dieser Stelle wollen wir einmal annehmen, alles Leben auf diesem Planeten sei ein Organismus. Das Leben auf der Erde sei eine Einheit.

Diese Annahme ist keineswegs so lächerlich, wie sie klingt. Betrachten Sie sich selbst vom Standpunkt einer Zelle in Ihrer linken Niere oder eines weißen Blutkörperchens, das absolut freiwillig, so könnte man behaupten, in Ihrem Blut herumschwimmt. Die Zelle in Ihrer Niere kann sich nicht bewegen (es sei denn, Sie bewegen sich als Ganzes), aber sie kann sich in derselben Weise bewegen wie eine Eiche. Das weiße Blutkörperchen hingegen kann sich in großem Umfang bewegen, sein Lebensraum ist unendlich weit. Diese Zellen sind ebenso individuelle Tierchen, wie Sie das von sich selbst glauben. Könnten sie sehen und denken, würden sie Sie genauso betrachten, wie Sie alles Leben auf dieser Erde betrachten.

Nun stellen Sie sich einmal vor, daß Sie in genau dieser Beziehung zum Leben auf der Erde stehen. Sie sind nichts weiter als eine der Zellen, die einen Organismus bilden. Dieser Organismus hat eine ulkige Gestalt – er ist kugelförmig. Aber ohne Ihnen zu nahe treten zu wollen, könnte man behaupten, daß auch Sie eine ulkige Gestalt haben, meine jedenfalls ist ziemlich ulkig.

Nun könnte man sich vorstellen, daß Sie ganz einfach eine Zelle im Gehirn der Welt sind. Vielleicht sind wir denkenden Tierchen allesamt Zellen, aus denen das Gehirn des Weltorganismus besteht. Wir reagieren gemeinsam wie die Zellen in unserem Gehirn. Wir wirken auf den Teil des Weltorganismus, der nicht Gehirn ist, wie die Zellen unseres Gehirns auf unser linkes Bein.

Wie die Zellen unseres eigenen Gehirns sind die Zellen des Weltgehirns für den ganzen Organismus da. Wenn die Zellen meines eigenen Gehirns nun anfangen, die Nicht-Gehirnzellen meines Körpers zu ignorieren, zu vernachlässigen oder zu mißbrauchen, wenn sie deren Interesse in irgendeiner Weise vernachlässigen, wird es ganz einfach aus sein mit mir. Ich habe eine sehr ausgeprägte Vorstellung davon, daß das Wohlergehen aller Zellen in meinem Körper gleichbedeutend ist mit dem Wohl jeder einzelnen.

Vor dem Fenster meines Penthouse, wie ein paar respektlose junge Leute mein Arbeitszimmer nennen (wohl weil sie glauben, daß sich hier alle möglichen Orgien abspielen – ich wünschte, es wäre so), wächst eine Kletterrose, die meine walisischen Vorgänger gepflanzt haben und die das ganze Haus zu überwuchern droht; dann gibt es noch einen großen Weinstock ohne Trauben, den ich selbst gepflanzt habe, einen Holunderbaum (unglücklich die Wohnstatt, die keinen Holunderbaum hat), einen Kräutergarten und reihenweise Bäume – Erlen, Eschen, Eichen, Weiden und Haselsträucher –, die, wie es mir manchmal vorkommt, auf mich und dieses Haus zumarschieren. Auf dem Berg dann wachsen Heide- und Zwergginster.

All dieses Leben muß ich – dazu habe ich ein Recht – erhalten und in bestimmten Grenzen halten, sonst würde es meine Farm völlig überwuchern und keinen Platz mehr für mich lassen. Aber nehmen wir an, ich sei nur eine Zelle im Gehirn der Welt und alle diese Bäume, Büsche, Kräuter und was da sonst noch wächst sind Körperzellen dieser Welt: Hätte ich dann das Recht, all diese anderen Zellen jenes Körpers, von dem ich ein Teil bin, rücksichtslos zu zerstören?

Wenn die Gehirnzellen in einem menschlichen Körper aus dem Gleichgewicht geraten und nicht mehr ordentlich funktionieren, wird der Körper krank und wir sagen, dieser Mensch »hat Krebs«. Wir schnippeln ein bißchen an ihm herum, unterwerfen ihn schädlichen Bestrahlungen, während er langsam und oft auf extrem unangenehme Weise dahinstirbt. Also ist es erforderlich, daß sich unsere Gehirnzellen anständig benehmen und ihre Aufgaben ordentlich erfüllen, und daß jede einzelne von ihnen sich dessen bewußt ist, daß sie zum Wohle aller da ist und nicht nur zu ihrem eigenen.

Und wir individuellen Gehirnzellen des Welt-Körpers sollten uns dessen ebenfalls bewußt sein.

Das unsagbar schlimme Verbrechen der Monokultur ist nichts anderes als ein Krebs im Lebensorganismus, der die Welt umgibt. Man kann sagen, daß der Welt-Organismus in dem Maß krank wird, in dem sie sich ausweitet. Seine Gehirnzellen arbeiten nicht mehr ordentlich.

Soweit unser Ausflug in die Welt der Phantasie. Es ist gut möglich, daß das Leben auf unserem Planeten nicht als ein einziger lebender Organismus betrachtet werden kann. Aber so ein Abschweifen in die Phantasie kann manchmal nützlich sein; laterales Denken, um den Jargon unserer Zeit zu gebrauchen.

Die Entdeckung der Verwendung von Kohle war wie das Öffnen der Pandora-Büchse. Es war, als hätte man eine Wunderlampe gerieben und damit einen mächtigen und gefährlichen Geist beschworen.

Das Leben auf der Erde hat – fast möchte man meinen, zu einem bestimmten Zweck – im Karbon einen ungeheuren Energievorrat für irgendeine spätere Epoche beiseite geschafft, in der sich das Leben bis zu einem Stadium entwickelt haben würde, in dem es diesen Vorrat einem speziellen Verwendungszweck zuführen könnte – vergleichbar einem jungen Mann, der hart arbeitet, um Kapital anzuhäufen, mit dem er in späteren Jahren ein Geschäft eröffnen kann.

Die Menschen hatten schon seit einigen Jahrhunderten Kohle geschürft, im 18. Jahrhundert dann machten sie sich systematisch an den Abbau. Zunächst brachte diese Entwicklung der nicht-menschlichen Natur – und dem Menschen selbst – nur Gutes. Man hatte in den achtziger Jahren des 18. Jahrhunderts entdeckt, daß man Koks anstelle von Holzkohle zum Schmelzen von Eisen verwenden konnte, und diese Entdeckung trug zur Rettung der noch erhalten gebliebenen Wälder bei.

Aber jetzt wurde der Deckel der Pandora-Büchse noch hastiger gelüftet und heraus drängten Myriaden unheimlicher Kreaturen. Eine davon war George Stephensons Lokomotive.

Zunächst zogen die Bauern aus dem Einsatz der Insekten, die aus Pandoras Büchse flatterten, keinen großen Vorteil – noch fügten sie sich selbst oder anderem Leben großen Schaden zu. Kohlenenergie ließ sich in der Landwirtschaft nur begrenzt einsetzen. Erst hundert Jahre nach der Erfindung der Dampfmaschine rumpelten die ersten Ungetüme über die Felder: Zugmaschinen, die an endlosen Stahlseilen Pflüge in großer Zahl über die Äcker hin- und herschleiften. Ziemlich früh kam auch die dampfgetriebene Dreschmaschine und ersetzte den Mann mit dem Dreschflegel – sicherlich ein Segen für so manchen alten Mann mit klapprigem Knochengestell.

Noch immer blieb die Feldarbeit sehr, sehr billig. Bis zum Zweiten Weltkrieg wurden die Äcker in England von Pferd und Mensch bestellt, und auch im übrigen Europa wurden diese zwei Energiequellen erst einige Zeit nach dem Krieg durch andere ersetzt.

So konnten die Bauern zur Zeit der industriellen Revolution dem übrigen Leben nicht viel Schaden zufügen, selbst wenn sie das gewollt hätten. Sie hatten ganz einfach weder die entsprechende Kraft noch die Maschinen.

Dann entdeckte man in Chile und Peru riesige Lager von altem Vogeldung, und die Hälfte aller Frachtschiffe auf der ganzen Welt wurden zum Transport dieses »Nitrats« um die halbe Welt eingesetzt, damit man es auf die Äcker Nord- und Westeuropas – in erster Linie Englands und Deutschlands – verteilen konnte. Das war fast eine ebenso große Goldgrube wie die Kohle. Ich neige dazu, die erschütternde Bevölkerungsexplosion im England des 19. Jahrhunderts fast ausschließlich dem chilenischen Nitrat zugute zu halten – oder anzulasten. Denn plötzlich war das Land in der Lage, sehr viel reichere Ernten zu erzielen.

Davor hatte es Bauern wie Coke of Norfolk gegeben, die den Boden verbesserten. Sie hatten die Grundprinzipien für eine gesunde Bebauung entdeckt und entwickelt, die es ermöglichte, zuverlässig Jahr um Jahr gutes Getreide anzubauen. Die Bewirtschaftungsform, die sie entwickelten, scheint mir recht vorteilhaft für die nicht-menschliche Natur gewesen zu sein; die chilenischen Nitrate trotzten dem Boden zu viel ab.

Dann schwärmte der Weiße Mann in die heißen – und die südlichen und westlichen – Länder der Welt aus und begann, sie in großem Stil und mit rein ausbeuterischen Bebauungsmethoden zu bewirtschaften. Dieser »koloniale« Bewirtschaftungsstil aber machte den Einsatz von Traktoren, Mähdreschern und chemischer Düngung zwingend erforderlich.

So wurden zum Beispiel alle Lebensformen in den großen Steppen Zentralkanadas vernichtet, um für eine Spezies Raum zu schaffen: Weizen. Falls das Leben auf der Erde tatsächlich ein einziger Organismus ist, wie mochte diesem Organismus das gefallen? Ähnliches geschah in den großen Prärien der Vereinigten Staaten, den Pampas Südamerikas, der Grassteppe Südafrikas und dem Hinterland Australiens.

Wenn man mit dem Flugzeug über den mittleren Teil Kanadas und der Vereinigten Staaten fliegt (ich habe es vor einiger Zeit auf einem Direktflug nach San Francisco erlebt), blickt man auf ein unendliches Schachbrett aus Quadraten hinunter. Das ganze Land, das man Stunde um Stunde in einer Geschwindigkeit von vielleicht achthundert Kilometer pro Stunde überfliegt, besteht aus nichts als Quadraten. Keine Wälder, kein

Bison, keine Indianer, keine Hecken oder Büsche – nur Quadrate. Auf den Quadraten im Norden wächst Weizen, auf denen in der Mitte Mais. Und auf einer zunehmenden Anzahl von Quadraten wächst gar nichts. Was immer der Weiße Mann Nordamerika sonst noch angetan haben mag – ganz sicher ist es ihm gelungen, es in das langweiligste Land auf der Erde und wahrscheinlich unter den Sternen zu verwandeln. Sowohl Weizen als auch Mais fallen inzwischen stetig zunehmenden Schädlingsschwärmen und Krankheiten zum Opfer (seit jeher das Ergebnis von Monokulturen), doch man besprüht sie mit ganzen Arsenalen giftiger Chemikalien – mancherorts bis zu einem Dutzend verschiedener Produkte pro Jahr – und hat damit die Schädlinge und die Krankheiten bisher unter Kontrolle gehalten. Aber wer war noch gleich der Römer, der meinte: Naturam expellas furca tamen usque recurret. Auch wenn du die Natur mit einer Mistgabel vertreibst, wird sie doch immer zurückkehren. Meine eigene, etwas freiere Übersetzung gefällt mir noch besser: Wenn du die Natur aus der Tür jagst, kommt sie durch das Fenster wieder herein. Bedenkt diesen Satz, o ihr Agrochemiker und ihr alles erobernden Ackerbauunternehmer! Ein Geist mag das vielleicht anders ausdrücken: Gott läßt seiner nicht spotten, zumindest nicht sehr lange. Je länger ihr unsere Ackerbauunternehmer gewähren laßt, um so tiefer werden sie fallen.

Wahrscheinlich war der westliche Mensch (und ganz besonders der britische) während des ganzen 19. Jahrhunderts so sehr damit beschäftigt, ein übermäßiges Überlegenheitsgefühl über seine Mitmenschen in anderen Teilen der Erde (die »Unterentwickelten ohne Gesetz«, zu denen fast alle anderen zählten) zu entwickeln, daß ihm nicht viel Zeit blieb, sich um die übrige Natur zu kümmern. Für den Menschen des 19. Jahrhunderts war die Natur noch immer ziemlich ehrfurchtgebietend. Und sie schien ihm noch immer ungeheuer groß.

Um das zu verdeutlichen, möchte ich über meine eigene Reaktion auf den burmesischen Teak- und Bambusdschungel berichten, den ich während des Zweiten Weltkrieges erlebt habe. Auf mich machte dieser Dschungel den Eindruck ungeheurer Größe und Unwandelbarkeit – er hätte ohne weiteres die ganze Erde bedecken können. Damals glaubte ich, der Mensch könnte dort nie eine Spur hinterlassen. Er war so riesig und feindlich, so unbezwingbar und – ich kann es ruhig zugeben – langweilig. Er dehnte sich einfach zu unendlich weit aus und stellte, nicht nur für mich, sondern für die meisten Säugetiere, eine zu feindliche Umgebung dar. (Dieses Gefühl wurde vielleicht durch die Tatsache beeinflußt, daß sich dort damals einige hunderttausend feindliche Soldaten aufhielten, die es alle darauf abgesehen hatten, mich zu töten.)

Bis dahin hatte ich noch nie eine Kettensäge gesehen. Was meine Vorstellung vom Abholzen des Dschungels betraf, so stammte sie aus dem 19. Jahrhundert. Ich konnte mir zwar vorstellen, daß, falls wir das Glück hatten, den Krieg zu gewinnen, ein paar Kautschukpflanzer daherkommen und hier und da ein paar tausend Quadratmeter mit Hilfe der Nalga und ihrer kleinen Äxte abholzen würden, aber daß irgendein menschliches Eingreifen mehr als auch nur den geringsten und flüchtigsten Eindruck in diesem endlosen, feindlichen Wald hinterlassen könnte, schien mir undenkbar.

Jetzt freilich liegen die Dinge ganz anders. Denn jetzt leben wir in meinem nächsten Kapitel – im Zeitalter der technischen Revolution. Ich habe fünf gigantische Traktoren gesehen, von denen vier Ankerketten wie von Schlachtschiffen hinter sich herzogen und im Schrittempo eine einhundert Meter breite Bresche durch den dichten Dschungel bei Gal Oya auf Sri Lanka schlugen. Die Japaner stehen derzeit mit allen fernöstlichen Regierungen, in deren Gebiet es Dschungel gibt, in Verhandlungen, weil sie diese Dschungelgebiete ausnahmslos für die Produktion von Preßspanplatten abholzen wollen. Wenn die gegenwärtige Entwicklung anhält, wird der burmesische Dschungel dahinschmelzen wie Schnee an der Sonne – und mit ihm innerhalb der nächsten paar Jahrzehnte alle anderen Wälder und Dschungelgebiete auf der ganzen Welt. Der brasilianische Regenwald wird in zunehmendem Umfang niedergebrannt. Doch wenn die Menschen die Gehirnzellen unseres »Welt-Organismus« sind, dann sind die Wälder seine Lungen, denn sie atmen Kohlendioxyd ein und Sauerstoff aus. Aber wahrhaftig – das Gehirn ist wahnsinnig geworden. Und wenn dieser Wahnsinn nicht geheilt werden kann, ist der Welt-Organismus zum Untergang verdammt.

Was wurde nun aus der Philosophie, die während des Zeitalters der industriellen Revolution »das Zepter führte«?

Zum großen Teil hat sie die rationalistische Bewegung des vergangenen Jahrhunderts einfach zu ihrer logischen Konsequenz geführt. Jeremy Bentham (1748–1832) und John Stuart Mill (1806–1873) gelten in Großbritannien allgemein als die philosophischen Zentralfiguren jener Zeit. Sie haben sich überhaupt nie mit der nicht-menschlichen Natur befaßt, sondern ihr einziges Interesse galt dem Versuch (wobei sie aus meiner Sicht völlig erfolglos blieben), das Gut-Sein mit dem Atheist-Sein zu begründen. Wenn es weder eine Hoffnung auf den Himmel noch die Angst vor der Hölle gab, warum sollte der Mensch dann gut zu seinem Nächsten sein? Nun, dazu gab es eine Menge zu sagen, und sie sagten eine Menge. Natürlich genügt es nicht, einfach zu sagen, daß, wenn du häßlich zu deinem Nächsten bist, er vielleicht auch häßlich zu dir ist und sich deshalb das Häßlichsein nicht lohnt. Caligula war ausgesprochen häßlich zu seinen Mitmenschen, aber keiner von ihnen konnte es sich leisten, häßlich zu ihm zu sein. Wenn einer nur genug Macht hat, ist es durchaus möglich, daß er sich aufführt wie der Teufel persönlich und damit durchkommt!

Aber Jeremy Bentham und John Stuart Mill waren ehrliche Männer und wollten nicht so tun, als glaubten sie an Himmel und Hölle, nur weil man damit zu einer glücklicheren Welt gelangen konnte. Vielmehr meinten sie: »Die größtmögliche Zufriedenheit möglichst vieler ist die Grundlage für Moral und Gesetz.« Eine sehr trostreiche Philosophie.

Über ihre Einstellung zur nicht-menschlichen Natur dachten sie allerdings nie nach. Die neuen, riesigen Städte ermöglichten es, die nicht-menschliche Natur völlig auszuschließen und sie ganz zu vergessen. Karl Marx (1818–1883), der den größten Teil seines Lebens im Lesesaal der Bibliothek des Britischen Museums verbrachte, kam wahrscheinlich so wenig mit der nicht-menschlichen Natur in Berührung, wie es nur möglich war, wenn man überhaupt am Leben bleiben wollte. Das Ergebnis war, daß seine Philosophie alles Nicht-menschliche völlig und radikal ignorierte. Daß Lebensmittel vom Land kamen, war ihm (gerade noch) bewußt. Er wußte, daß es irgendwo da draußen Menschen geben mußte, die sie anbauten. Und sein Ziel war es, diese in seiner Vorstellungskraft existierenden Menschen vor dem zu retten, was er als »die Idiotie des ländlichen Lebens« bezeichnete. (Aber was ist das schon im Vergleich zu der Idiotie, sein ganzes Leben in der Bibliothek des Britischen Museums zu verbringen?) Er hatte die Vorstellung, aus Bauern Fabrikarbeiter zu machen; und Bauernhöfe in Fabrikgebäude zu verwandeln. Seine Vorstellungen sind seither in Rußland ausprobiert worden, mit dem Ergebnis, daß das Land mit der größten Weizenanbaufläche der Welt Weizen importieren muß.

Doch während des gesamten industriellen Zeitalters erhoben sich Stimmen gegen den spiritus mundi – den Zeitgeist.

Samuel Coleridge, William Wordsworth, William Blake – die Dichter feierten ein begrenztes Comeback: Sie wurden von den viktorianischen Menschen toleriert wie Hofnarren oder Clowns. Nach der logischen, leidenschaftslosen, scharfsinnigen, vernünftigen, rationalen und äußerst langweiligen Dichtung des 18. Jahrhunderts gestatteten sich ein paar Menschen, wieder auf ihr Herz – ihre rechte Gehirnhälfte, wenn Sie so wollen – zu hören. Da sie vernünftige Menschen waren, brachten sie es nicht fertig, aufs neue den ganzen veralteten Bibelkram zu akzeptieren, doch sie wandten sich der Natur zu, an die sie glauben konnten (schließlich war sie da), und beschworen den Namen Gottes, um zu erklären, was sie sahen. Ihr neuer Gott war ein pantheistischer Gott – der Gott der Natur. Nicht alle verbrachten ihre ganze Zeit im Lesesaal des Britischen Museums; man kann keinen engen Kontakt zur nichtmenschlichen Natur haben, man kann nicht über die Hügel des Lake District, die Quantock Hills oder die Alpen wandern, sich den Wind ins Gesicht blasen und die Sonne auf den Rücken scheinen lassen, ohne Verehrung und Ehrfurcht zu empfinden. Hören wir dazu Thomas Carlyle (1795–1881):

»Oft auch konnte ich den schwarzen Sturm in der Ferne tosen sehen: um einen schroffen Felsen von düsterem Blau zogen sich wirbelnd dampfende Nebelschwaden zusammen, türmten sich auf und flossen herab wie wirres Hexenhaar; bis sie nach einer Weile verschwanden und der Fels im klaren Sonnenlicht aufragte, blendend weiß, als müßte er lächeln angesichts des riesigen gärenden Fasses im Laboratorium einer Atmosphäre, einer Welt. O Natur! – Aber was ist Natur? Ha! Warum nenne ich dich nicht Gott? Bist du denn nicht das ›lebendige Gewand Gottes‹? O ihr Himmel, ist es denn wirklich Er, der in mir lebt und liebt? Ha! Und hör mir zu ... Wie ein Schatten, oder eher wie ein Abglanz fiel die Ahnung dieser Wahrheit und des Anbeginns aller Wahrheit geheimnisvoll auf meine Seele. Süßer war sie als der Tagesanbruch für den Schiffbrüchigen im Polarmeer; sie war wie die Stimme der Mutter für ihr kleines Kind, das hilflos und weinend in unbekannten Gefilden umherirrt; wie das leise Klingen himmlischer Weisen drang diese Botschaft an mein zu Tode erschöpftes Herz. Das Universum ist nicht tot und nicht des Teufels, kein Beinhaus voller Schemen; vielmehr etwas Göttliches, es ist meines Vaters!«

Carlyle und seine Protagonisten kehrten nicht wieder zum Christentum zurück. Ihr Gott war nicht der Gott der Juden, sondern ein Gott des gesamten Universums, der gesamten Natur, des Erhabenen. Auch wenn sich einige Anhänger seiner Schule zum Christentum bekannten, machten sie nicht viel Aufhebens von Christus. Aber vielleicht kamen sie – ähnlich, wie ich es in den ersten paar Kapiteln dieses Buches stümperhaft versucht habe – im stillen Kämmerlein zu dem Ergebnis, daß es keinen Anfang gegeben haben konnte, daß es nie ein Ende geben kann und daß irgendeine Tendenz vorhanden gewesen sein muß, um Materie aus dem Nichts hervorzubringen, Leben aus Materie et cetera, denn sonst gäbe es keine Materie und kein Leben. Und daß es beides gibt, läßt sich wohl kaum bestreiten. »Damit beweise ich sie!« wie Dr. Johnson sagte, als er mit dem Fuß einen Stein wegkickte.

Nachdem er alle möglichen Zweifel über die Existenz von Himmel und Hölle und dergleichen äußert, fährt Carlyle fort:

»All dies ist verschwunden oder auch nicht; glaube, was dies betrifft, was du willst. Doch daß eine unendliche oder praktische Bedeutung, eine, um es mit streng mathematischer Genauigkeit auszudrücken, Unendlichkeit, aus dem Leben irgendeines Menschen verschwindet oder verschwinden kann – das darfst du nicht glauben! O Bruder, die Unendlichkeit des Schreckens, der Hoffnung, des Mitleids, hat sie sich dir niemals enthüllt, unbezweifelbar, unbeschreibbar? Kam sie nie wie das Funkeln übernatürlicher ewiger Ozeane, wie die Stimme uralter Ewigkeiten, von weit her tönend durch die Tiefen deines Herzens? Niemals? Dann weh dir, denn nicht deine Aufgeklärtheit, sondern deine tierische Natur sind daran schuld! Die Unendlichkeit ist sicherer als jede andere Tatsache. Doch nur der Mensch kann sie erkennen; dammbauende Biber, Netze webende Spinnen und gar beutegierige Geier und Wölfe können sie nicht gut erkennen!«

Aber die fleißigen Biber und die emsigen Spinnen waren zu sehr damit beschäftigt, ihre Industrienetze zu spinnen und die Wälder zu roden, um aus ihrem Holz Industriedämme zu errichten, als daß sie sich auch noch um die Unendlichkeit hätten kümmern können! Vor sich sahen sie unendlichen Wohlstand, und das war das einzig Unendliche, was sie interessierte. Freilich gingen sie regelmäßig zur Kirche. Die Menschen des viktorianischen Zeitalters waren eifrige Kirchgänger. Doch obwohl sie an den Himmel als an eine Belohnung für tugendhaftes Leben hätten glauben sollen, hatten sie, wie ich vorher erwähnte, eine panische Angst vor dem Sterben.

Langsam schwärmten die viktorianischen Briten, und in geringerer Anzahl die Menschen anderer »fortschrittlicher« europäischer Nationen, in die Welt aus und fielen mit Handaxt, Pferdepflug, Hinterlader, von dreißig Pferden gezogenen Mähdreschern – und mit billiger und manchmal sogar Sklavenarbeit von Schwarzen, Gelben und Braunen – in die Wälder ein, rotteten das Wild aus, um Platz für Herdenvieh zu schaffen, pflügten die Grassteppen um, um dort Weizen anzubauen, und rissen die Mutter Erde auf, um an ihre Schätze zu gelangen.

Ich habe einmal in Afrika in einer Kupfermine gearbeitet. Ich war ein Schlepper in der fünfundsechzigsten nördlichen Schicht der Mindola-Mine, N'kana, falls es irgend jemand genau wissen will. Aus reinem Interesse ging ich einmal in das Hüttenwerk über Tage. Das war ein riesiges Gebäude von der Größe einer Kathedrale, das man jedoch nicht aus behauenem Stein, sondern aus rostigem Wellblech und ganz sicher nicht zum Ruhme Gottes gebaut hatte! Ein Kran erhob sich hoch über unsere Köpfe. Dieser zog, Tag und Nacht ohne Unterbrechung, riesige Bäume, die man im Dschungel geschlagen hatte, samt Ästen, Blättern und allem Drum und Dran hoch und schleuderte sie in den glühenden Hochofen, in dem das Kupfer geschmolzen wurde. Dies war notwendig, weil der dadurch entstehende Kohlenstoff irgend etwas mit dem Kupfer anstellte – es in irgendeiner Form reinigte. Keine Ahnung wie – ich will es auch gar nicht wissen. Wenn die Bäume sich diesem Feuerloch näherten, brachen sie schon vorher in Flammen aus, so ungeheuer war die Hitze. Selbstverständlich ist ein Baum eine Anhäufung von Lebewesen: Er stellt eine ganze biologische Welt in sich dar. O, ich weiß – ich verbrenne auch Holz in meinem Ofen, und zweifellos erleidet so mancher Ohrwurm dasselbe Schicksal. Aber vielleicht kommt es auf die Größenordnung an.

Drunten im Bergwerk benützten wir sogenannte Cheesa-Stäbchen, um unsere Zünder anzustecken. Sie waren wie kleine Feuerwerke. Man zündete sie an der Flamme seiner Karbidlampe an und hielt sie dann an den Zünder. Dabei schrie man »cheesa!«, das Wort für Feuer auf Küchen-kafferisch, und alle gingen aus dem Weg.

Jeden Tag legte ich die fünf Meilen von meinem Wohnort zum Mindola-Schacht Nummer 1 in einem leeren Erz-Zug zurück. Als wir eines Tages zu sechst in so einem Ding saßen, warf ein Bergmann, zufällig ein Afrikander (ein holländisch sprechender südafrikanischer Weißer), angezündete Cheesa-Stäbchen in den zundertrockenen afrikanischen Wald. Dabei schrie er jedesmal »cheesa!« und lachte. Natürlich entstanden daraus große Feuer, die wahrscheinlich tagelang, vielleicht sogar wochenlang brannten. Als ich am Ende der Schicht zurückkam, sah man die Feuer nicht mehr, aber die ganze Umgebung war rußgeschwärzt und es stank nach Rauch. Ja, natürlich habe ich diesem Mann Vorwürfe gemacht. Aber ich war damals ein dreiundzwanzig Jahre alter Bergbau-Lehrling, er hingegen ein vierzigjähriger Strossen-Bauer, und er und die anderen älteren Bergleute fuhren mir über den Mund. »Was – Scheiß-Afrika?« sagte der Cheesa-Stäbchen-Werfer, »am liebsten würde ich das ganze verdammte Land niederbrennen, Mensch. Wäre das beste, was ihm passieren könnte. Dieses Land hier gehört sowieso verdammten Negern. Die würde ich am liebsten gleich mitverbrennen!«

Ich erwähne diesen kleinen Vorfall nur, weil ich glaube, daß er einen guten Eindruck von der neuen, übertrieben rationalistischen Einstellung des nachindustriellen Zeitalters zum übrigen Leben auf diesem Planeten vermittelt: zur nicht-menschlichen Natur. Einen extremen vielleicht, aber keinen untypischen.

In den besiedelten Ländern mit älteren Zivilisationen, etwa in England, einem Land, das ich gut kenne, herrschte während der industriellen Revolution eine sehr viel wohlwollendere Einstellung zur nicht-menschlichen Natur. Diese ist zum Teil auf die Leidenschaft erfolgreicher Industrieller für die Fasanen-, Waldhuhn- und Rebhuhnjagd, die Jagd auf Wild und anderen ländlichen Zeitvertreib zurückzuführen. Fast alles Land gehörte zu großen Gütern. Das Anpflanzen von Nahrungsmitteln hatte nicht unbedingt vorrangige Bedeutung; denn waren nicht die Weizenfelder Kanadas, die Rinder-Pampas Argentiniens und die Schafweiden Australiens absolut unerschöpflich? Wichtig war vielmehr, daß man über ein stattliches Angebot an Fasanen verfügte, wenn man Winter für Winter seine einflußreichen Nachbarn und Geschäftsfreunde zur Jagd einlud. Wenn man einen Adelstitel besaß und für einen so reichlichen Fasanenvorrat an diesem Tag sorgen konnte, daß die Gäste fünf- oder sechstausend dieser dummen Vögel abknallen konnten, konnte man damit sogar den Prince of Wales zur Teilnahme an so einer Jagd verlocken. In der Tat lebte man ja für nichts anderes. Alles andere war weit unter Niveau.

Trotzdem blieb die Landschaft von alledem weitgehend unberührt. Jede Menge Schlupfwinkel (Waldstücke) für Vögel und Füchse und eine Menge Waldgebiete, die man sonst abgeholzt hätte, blieben erhalten, Gebüsch blieb stehen und Moorlandschaft wurde nicht ausgetrocknet, um die Sumpfschnepfen und Wildenten nicht zu verjagen. So albern die Jagdleidenschaft der Reichen auch war, so verhinderte sie doch etwa ein Jahrhundert lang die Zerstörung der Landschaft. Erst in unserem nächsten Kapitel war es um die Einstellung des Menschen zur nichtmenschlichen Natur nicht mehr so gut bestellt.

Wir alle kennen das Schicksal des Bisons in Nordamerika, als Sonderzüge Hunderte mit Gewehren ausgerüstete »Sportsfreunde« hinaus in die Prärie brachten, wo sie, nur um ihre anscheinend unersättliche Blutgier zu stillen, die Tiere zu Tausenden abschlachteten. Richard Irving Dodge, ein Oberst der Kavallerie der Vereinigten Staaten, schrieb 1878 ein Buch mit dem Titel ›The Hunting Ground of the Great West‹, in dem er die Ausrottung dieser Tiere beschreibt. Er versuchte, Angaben über die Anzahl der »Büffelkleider« (Bisonhäute) zu bekommen, die pro Jahr über die Schienen der Vereinigten Staaten transportiert wurden, doch man verweigerte ihm jede Auskunft. Warum? Um es mit den Worten des stattlichen Oberst auszudrücken: »Ich fühle mich veranlaßt zu glauben, daß diese Weigerung auf der Angst beruht, Publicity in dieser Sache könne irgendwelche Gesetze zur Folge haben, die dem profitablen Geschäft in die Quere kommen könnten.« Und er fährt fort, daß dieselbe Art brutaler kommerzieller Gier dazu führt, daß die Walfanggesellschaften unserer Zeit jeden Versuch vereiteln, sich darauf zu einigen, die letzten Wale zu erhalten. Warum sollte man den letzten denn nicht mehr töten dürfen? Dann nennt er jedoch eine Zahl, zu der er aufgrund sorgfältiger Nachforschungen gelangt ist: Viereinhalb Millionen Büffel wurden in den Jahren von 1872 bis 1874 wegen ihrer Felle abgeschlachtet. Es entwickelte sich ein lebhafter Handel mit Büffelzungen, die teuer weiterzuverkaufen und leicht zu transportieren waren; Tausende von Tieren wurden nur deshalb erschossen, nicht einmal die Häute zog man ihnen ab. Man schnitt ihnen die Zunge heraus und ließ sie in der Prärie vermodern. Als der Oberst vier Jahre später sein Buch schrieb, konnte er berichten: »Die Büffel sind so gut wie ausgerottet. Keine Gesetzgebung, wie hart und unbarmherzig auch immer, könnte jetzt noch etwas für oder gegen den Handel mit ›Büffelprodukten‹ ausrichten.« Obwohl dem Oberst die Ausrottung der Büffel ganz offenbar nicht gefiel, berichtet er doch recht fröhlich, wie er selbst Hunderte erlegt hat und bei einer Gelegenheit sogar einen Trupp seiner Kavallerie losgeschickt hat um ein paar hundert abzuschlachten, nur um damit einem englischen Jäger, den er zu Gast hatte, eine Freude zu machen.

Diese »fröhliche« Jägerei konnte nicht so weitergehen, und mit der industriellen Revolution kam die große Veränderung in Gestalt der Eisenbahn. Nach seinen prächtigen Beschreibungen des Lebens in der Prärie, »auf allen Seiten umgeben von hinterhältigen Wilden und von Gefahren jeder Art, so daß jeder einzelne Mann ein ganzes Heer ersetzen mußte«, fügt er traurig hinzu: »Inzwischen hat sich alles verändert. Es gibt nichts Unbekanntes mehr. Eisenbahngeleise haben die stillen Geheimnisse der Prärie den Blicken jedes Laufburschen enthüllt. Wie ein riesiger Tintenfisch hat die Zivilisation die Arme ihrer Siedlungen entlang fast aller Flüsse ausgestreckt, das Land vereinnahmt, das Wild getötet, die Indianer vertrieben, die Romantik, die Poesie und im Grunde genommen das Leben und die Seele der Prärie zerstört und nur den nackten und trostlosen Kadaver zurückgelassen.«

In Südafrika spielte sich dieselbe Geschichte ab. Die Grassteppe des Oranje-Freistaates, der Transvaal und die Karru-Trockensteppe am Kap wimmelten nur so von Wild, bevor die Weißen ihren Fuß in diese Gebiete setzten. Reisende aus dieser Zeit berichten von Herden von Trek-bokke (wandernden Springböcken), soweit das Auge reichte. Als ich 1934 nach Südafrika kam, gab es überhaupt keine wilden Tiere mehr in der Karru- oder der Grassteppe, außer dort, wo eine Handvoll gewitzter Farmer noch ein paar Springböcke hielten, um sie gelegentlich schießen zu können. Als ich weiter hinauf in das Buschland des nördlichen Südwestafrika zog, wo die Besiedlung durch die Weißen gerade erst begonnen hatte, fand ich noch eine Menge Spießböcke (Oryx), Springböcke, Kudus, Steenböcke und Waldducker vor. Mein Chef, ein englisch sprechender Südafrikaner, achtete streng darauf, daß wir nicht zu viele schossen (er wußte nicht, daß Joseph und ich ab und zu einen mit Josephs Wurfspeer erlegten), aber unsere Afrikander-Nachbarn waren in bezug auf die Jagd völlig skrupellos. Es schien, als hätten sie keine Ruhe, bevor nicht der letzte Spießbock erlegt war. Inzwischen gibt es keinen mehr.

Eines Tages wanderte ich durch einen riesigen flachen Landstrich, Etoschapfanne genannt, und mein Freund Joseph begleitete mich. Wir führten zwei Packesel mit Wasser und Nahrungsmitteln mit uns. Wir sahen Tausende von Kuhantilopen und Weißschwanzgnus. Aus der Entfernung sahen sie in der flimmernden Hitze wie Ballone aus, die in der Luft über dem Horizont hingen. Der Grund dafür war die durch die Hitze verursachte Luftspiegelung. Als ich meinen alten Boß dann nach dem Zweiten Weltkrieg wieder besuchte, erfuhr ich, daß sie fast alle verschwunden waren.

Während der Jahre, die ich im nördlichen Rhodesien (jetzt Sambia genannt) lebte und arbeitete, konnte ich meine Mannschaft, die aus vierundzwanzig Trägern und vier anderen Dienern bestand, ohne Schwierigkeiten mit dem Fleisch von Riedböcken, Kudus, Zobel, Pferdeantilopen, Wasserböcken, Elenantilopen, Büffeln, Litschi-Wasserböcken und rund einem Dutzend anderer Arten ernähren. Man mußte nicht das Gefühl haben, diese Arten zu gefährden, wenn man ein Tier am Tag schoß. Ich habe nie einen Elefanten erschossen (und werde es nie tun), aber wenn ich beim Frühstück vor meinem Zelt saß, habe ich oft mehr als hundert unten in dem kleinen Fluß baden sehen.

Die Briten, die das Land damals regierten, waren sorgsam darauf bedacht, die Großwildjäger fernzuhalten. Ich habe Wild geschossen, weil das mein Job war (ich mußte meine Leute ernähren), aber damals wurden überhaupt sehr wenig Weiße ins Land gelassen. Die weißen Bergleute in den Kupfergebieten wurden in bezug auf das Jagen streng überwacht und hatten Verständnis dafür! Und nur wenigen Schwarzen war der Besitz eines Gewehrs gestattet – ein paar Anführern. Heutzutage haben jedoch Tausende von Sambiern Gewehre, und es ist nur eine Frage der Zeit, bis alles vierfüßige Wild ausgerottet ist. Freilich ist es sehr verdienstvoll, daß die Regierung von Sambia alles versucht, um das Wild in Reservaten zu erhalten, aber das ist ein unmögliches Unterfangen.

Andernorts ist es noch schlimmer. Erst vor kurzem haben Beobachter, die vom Hubschrauber aus die ugandischen Wälder nach Elefanten abgesucht haben, berichtet, daß es, soweit sie feststellen konnten, keine ugandischen Elefanten mehr gibt. Alles, was sie ausfindig machen konnten, waren Tausende verrottender Kadaver. Der Grund dafür sind der Preis für Elfenbein, die bewaffneten Horden, die der verrückte Clown Idi Amin als sein Erbe hinterlassen hat, und die Deserteure der tansanischen Armee, die sie bekämpften.

Der chinesische Glaube, daß das pulverisierte Horn von Nashörnern als Aphrodisiakum wirkt, hat dazu geführt, daß das Rhinozeros in Afrika und in der ganzen Welt fast ausgestorben ist. Wenn nicht noch ein paar in Tiergärten gezüchtet werden oder die Chinesen diesen lächerlichen Aberglauben endlich aufgeben, wird das Rhinozeros völlig verschwinden.

Diese späteren Ausschreitungen der Menschheit kann ich nicht der industriellen Revolution anlasten: Sie gehören eigentlich alle in mein nächstes Kapitel. Das Abschlachten des amerikanischen Bisons und der Wildtierherden in Südafrika durch den Weißen Mann war sicher eine der Folgen des industriellen Zeitalters, aber das derzeitige Phänomen, daß Menschen des Bronze- und Eisenzeitalters mit Maschinengewehren in den Busch vordringen, ist ein Ergebnis unserer eigenen – technologischen – Epoche, genau wie der irakisch-iranische Krieg.

Die Geschichte von der Beziehung des Menschen zum Leben im Meer während des industriellen und des technischen Zeitalters ist genauso schlimm oder sogar noch schlimmer.

Es dauerte lange Zeit, bis die Dampfmaschine auch das Wasser eroberte. Bis zum Beginn unseres Jahrhunderts spielte das Segel noch eine große Rolle. Ich lernte auf einer Segelschmack in Colchester, deren Motor nie benutzt wurde, das Fischen mit dem Schleppnetz. Bis zur zweiten Hälfte des 19. Jahrhunderts wurde der Fisch- und sogar der Walfang mit Hilfe von Segel und Ruder betrieben, und so lange konnten weder der Walbestand noch die Fischschwärme arg dezimiert werden.

Liest man Berichte über die Fischerei im frühen 19. Jahrhundert, gewinnt man den Eindruck, daß es damals jede Menge Fische gab. Lange Zeit wehrten sich die Fischer gegen das Schleppnetz. Während des ganzen Mittelalters war das Schleppnetz – ein sackförmiges Netz, das über den Meeresgrund gezogen wird – verboten, weil man der Ansicht war, daß es auf dem Boden des Meeres zu viel Schaden anrichtete: Welche Ehrfurcht hatte man damals noch vor dem Leben und der Umwelt. Man fischte mit Schnur und Angelhaken, mit Wadenetzen, die vom Land aus am Strand entlang gezogen wurden, mit Treibnetzen, in denen die größeren Fische hängen blieben, während die kleineren durchschlüpften, und mit anderen Methoden, die dem Fischbestand wenig schadeten. Diese Art Fischerei hätte ewig so weitergehen können.

Bereits im Mittelalter segelten Schiffe mit Fischbehältern, durch deren durchlöcherte Böden frisches Meerwasser einströmen konnte, von englischen Häfen nach Island. Mit von Hand ausgeworfenen Angelschnüren wurde Kabeljau gefangen, den man in das frische Seewasser dieser Fischtanks warf und lebend in den Hafen zurückbrachte. Vor Christoph Kolumbus segelten europäische Schiffe nach Neufundland, um dort Kabeljau zu fangen und ihn durch Einsalzen haltbar zu machen. In unseren Geschichtsbüchern erfährt man nichts von diesen Reisen, weil die Fischer keinen Wert darauf legten, ihre Taten an die Öffentlichkeit zu tragen. Schon in grauer Vorzeit versammelten sich Tausende von Heringsfischern um die Häfen von East Anglia, um mit ihren Treibnetzen Heringsschwärme einzufangen: Allein von Yarmouth aus fischten 1913 tausend Logger unter Dampf und Segel. Der Fisch wurde eingesalzen und auf das Festland gebracht, wo er ein wesentliches Nahrungsmittel für die Armen darstellte. Da bei dieser Fischerei nur Schleppnetze verwendet wurden, hätte auch sie ewig weiterbetrieben werden können.

In der Mitte des 19. Jahrhunderts dann kamen die großen Schleppnetzfischer. Das waren große, leistungsfähige Segelschiffe, die von Brixham, Barking bei London, Ramsgate, Lowestoft, Yarmouth und später Grimsby aus in See stachen und ihre riesigen, mit Scherbrettern versehenen Schleppnetze über den sandigen Grund des Kanals und der Nordsee zogen. Fischgründe um Fischgründe wurden entdeckt und ausgebeutet, aber der Fischbestand schien unerschöpflich. Doch zum ersten Mal machte sich der Mensch jetzt auf zerstörerische Weise an die Bewohner der Tiefe heran. Man entwickelte das Fleetfischen – die Schlepperflotten blieben monatelang auf hoher See und luden ihren Fang auf schnelle, mit Eis beladene Kutter um, die ihn nach Barking oder Great Grimsby zurückschafften.

Obwohl es nach wie vor nur Segler gab, wurden die riesigen Kabeljau- und Schellfischschwärme der Nordsee nach und nach dezimiert. Vielleicht wären sie nie völlig ausgetilgt worden, wären nicht zunächst die Dampfschiffe gekommen, die die Jagd noch unbarmherziger machten, und nach ihnen die gigantischen, dieselgetriebenen Heckfänger, die vollkommen mit ihnen aufräumten.

Die Tragik der Hochseefischerei liegt in der kollektiven Unvernunft. Für das bergige Gelände, das ich von meinem Fenster aus sehen kann, während ich schreibe, haben eine Reihe von Bauern das gemeinsame Nutzungsrecht. Kontrolliert niemand die Anzahl der Schafe, die sie dort weiden lassen, treiben sie zu viele hinauf. Das müssen sie. Wenn Dai, der tausend Stück dort oben hat, sie auf fünfhundert reduziert, weil er weiß, daß es zu viele sind, kann er absolut sicher sein, daß sein Nachbar Mervyn dafür weitere fünfhundert anbringt. Es nützt ihm gar nichts, wenn er seine Herde zahlenmäßig begrenzt oder Zurückhaltung übt, denn gemeinsame Benutzer erlegen sich nie Zurückhaltung auf. Sie können es sich nicht leisten.

Ich habe Kanalfischer, die mit den neuen und grauenhaft zerstörerischen Sperrnetzen die Seezungen-Gründe abgrasen – eine Methode, von der sie wissen, daß sie die Fischgründe völlig zerstört –, jammern hören, daß sie nur zu gern damit aufhören würden, es aber nicht können. »Welchen Sinn hat es, wenn *ich* aufhöre? Die anderen machen weiter. Und ich muß mit den anderen konkurrieren, um leben zu können. Es sind sowieso kaum mehr Seezungen übrig – und die einzige Möglichkeit, die noch zu fangen, besteht darin, den Meeresgrund zu durchpflügen. Ich komme mir vor wie eine alte Hure – ich weiß, daß es schlecht ist, aber ich kann nicht aufhören!« Genau das hat ein Fischer aus Brixham zu mir gesagt.

Doch alles in allem sind die Fischgründe von den Segelfischern während des industriellen Zeitalters nicht allzu schlimm abgeräumt worden. Dasselbe trifft auch für den Walfang zu. Natürlich stimmt es, daß der Grönlandwal schon um 1850 recht selten wurde, weil die Engländer, Holländer und Norweger mit ihren Segelschiffen Jagd auf ihn machten, aber den großen Pottwal und die Wale der südlichen Meere gab es noch in großer Anzahl.

Mit der Einführung des Dampfes änderte sich die Situation schlagartig. Dampfgetriebene Fabrikschiffe mit ebenfalls dampfgetriebenen Fangflotten stellten den Walen nach und jagten sie; zuerst Treibnetzfischdampfer, später Schleppnetzfischdampfer. Und jetzt, in unserem großartigen technischen Zeitalter, ist es natürlich nur noch eine Frage der Zeit – sehr kurzer Zeit –, bis die meisten und schließlich alle Walarten aussterben werden.

Die Walfangflotten verfügen über Hubschrauber, Echolot, durch Elektroschock tötende Harpunen, Sprengstoff und was weiß ich, um die letzten Kolosse in den entferntesten Winkeln der Meere aufzustöbern. Nichts kann sie mehr retten. Das Beutelnetz hat den Hering in der Nordsee unwiderruflich ausgelöscht (nur ein paar »Hafenarbeiter« kriechen noch in Ufernähe herum). Die Makrele der westlichen Ozeane erleidet dasselbe

Schicksal. Als ich vor sechzehn Jahren zum ersten Mal nach Wales kam, konnte ich ohne weiteres losziehen und an einem einzigen Nachmittag mit Schnur und Angelhaken fünfhundert Makrelen fangen. Jetzt erwische ich zwanzig, wenn ich Glück habe. Diese Art zu fischen hätte sie nie ausgerottet. Vielmehr sind die oft von Fabrikschiffen begleiteten gigantischen Hochsee-Schleppdampfer von einem Dutzend Nationen dafür verantwortlich. Regierungserlasse nützen da auch nicht viel. Zwar hat man jetzt eine Fangquote für Makrelen festgesetzt; aber die gigantischen Ringnetze erfassen tausende Tonnen Fisch. Die Fischer ziehen die Netze so weit wie möglich herein und schaufeln mit am Mast hängenden Keschern die erlaubte Fischquote heraus. Haben sie die entsprechende Menge, lassen sie die Ringnetze einfach los, und ein paar hundert Tonnen – manchmal sogar tausend oder mehr – tote Fische sinken auf den Meeresgrund. Schleppnetzfischer aus Cornwall klagen darüber, daß ihre Netze andauernd an Bergen stinkender, toter Makrelen auf dem Meeresboden hängen bleiben.

So haben sehr wenige der gut gemeinten Vorschriften seitens der Regierungen die beabsichtigte Wirkung. Sie zielen fast alle daneben. Die sowjetischen Schleppnetzfischer dürfen innerhalb der britischen Fünfzigmeilenzone keine Makrelen mehr fischen. Also was tun die Russen? Sie schicken ein riesiges Fabrikschiff nach Milford Haven, lassen es dort ankern, und schottische Schleppnetzfischer sammeln die Fische ein und verladen sie auf das russische Schiff.

Landratten glauben immer, daß die Ozeane mit ihrer ungeheuren Ausdehnung unerschöpflich sind. Dies ist keineswegs der Fall. Nur der Kontinentalsockel ist fischreich, und der erstreckt sich nur ein paar hundert Meilen weit vom Ufer ins Meer.

Die Japaner suchen alle Meere auf diesem Planeten nach Eßbarem ab. Das liegt nicht daran, daß sie gieriger wären als die anderen – nur erfolgreicher. Sie wissen, daß ihre Fischereiflotten die Fischgründe zerstören und die intelligenten und wunderbaren Wale ausrotten, aber es scheint sie nicht zu stören. Die japanische Regierung hat eine Prämie für jeden erlegten Delphin ausgesetzt, einfach weil die Delphine sich von Fischen ernähren und alle Fische, als sei das göttliches Recht, den Japanern gehören. Und die Amerikaner geben zu, daß sie im Rahmen ihrer Thunfisch-Fänge nebenbei fünf Millionen Delphine umgebracht haben.

Tut mir leid, daß ich mich des langen und breiten über die Fischerei auslasse, aber schließlich besteht dieser Planet zu sieben Zehnteln aus Meer und alles Leben kommt aus dem Wasser. Das ist wichtig.

Ich schreibe auch nicht ohne eigene Erfahrung im Fischen und mit der Fischerei. Vor dem Zweiten Weltkrieg habe ich ein gutes Jahr lang in südafrikanischen Gewässern gefischt. Nachdem ich einige Erfahrung in der Hochseefischerei hatte, begann ich als Maat auf einem Fischerboot und war zuletzt Skipper. Unsere Beute waren Hechtmakrelen.

Wir fischten, wie man vor der industriellen Revolution gefischt hatte. Zwar hatten wir einen Motor, aber wir fischten von Hand. Die Hechtmakrele ist ein etwa 60 Zentimeter langer Raubfisch; anderswo heißt er auch Barrakuda. An Bord des Fischerbootes waren sieben Männer. Unser größter Tagesfang waren einmal neunzehnhundert Fische. Wir nahmen diese Fische aus, filetierten sie und salzten sie ein; etwa einen Monat lang blieben wir auf See, bis unser Salz aufgebraucht war, und kehrten dann in den Hafen zurück. Es gab sechs Schiffe in den südwestafrikanischen Gewässern, die auf diese Weise fischten – unseres war das kleinste. Hätten wir bis zum Jüngsten Tag so weiter gemacht, hätten wir keinerlei Spuren bei den Fischschwärmen hinterlassen.

Aber die Hechtmakrelen ernähren sich von Pilchards. Nach dem Krieg hielt man es für besser, letztere zu fangen und die Hechtmakrelen in Frieden zu lassen. Als ich nach dem Krieg zur Walfischbai zurückkehrte, gab es dort vierzig große Motorkutter, die mit riesigen Ringnetzen arbeiteten und drei Fischmehl-Fabriken versorgten. Die Pilchardschwärme, die sich zu meiner Zeit über Quadratkilometer erstreckten, schrumpften rapide. Sie sind zum Aussterben verurteilt. Die Anchovis- und Sardinenschwärme vor der chilenischen Küste sind ebenfalls fast ausgetilgt. Dies hat den Preis für Fischmehl drastisch in die Höhe geschraubt. Die Meere werden ausgeplündert, um Brathühnchen und Batteriehennen zu züchten.

Nichts, aber auch gar nichts, kann jetzt noch das Tierleben im Meer, oder zumindest das Leben jener Lebewesen, die dem Menschen irgendwie von Nutzen sind, retten. Nichts – mit Ausnahme einer völligen Veränderung des Bewußtseins und des Gewissens der Menschheit; eine völlige Veränderung unserer Einstellung zum übrigen Universum; unserer Einstellung zur übrigen Natur, die das Thema dieses Buches darstellt.

Nachdem der Homo exstinctor die Riesenwale der Antarktis so gut wie ausgerottet hat, wendet er seine Aufmerksamkeit jetzt deren vormaliger Nahrung zu – den Krill-Feldern, jenen kleinen, sich an der Wasseroberfläche ernährenden Shrimps. Auch diese sollen in den Schlund der Fischmehlfabriken geworfen werden, um die sich ständig vermehrenden Millionen in Rußland und Japan zu ernähren. Müssen denn wirklich alle Lebewesen im Rachen der Menschheit landen? Ist das der Zweck, zu dem wir hier sind?

Ich war mit alten Fischern befreundet, die zur Zeit der Segelschiffahrt ihr tägliches Brot auf hoher See verdienten. Ich muß sagen, daß sie zu den anständigsten Menschen gehörten, die mir je begegnet sind. Ihre Intelligenz, ihre Tapferkeit, Härte und Ausdauer unterschied sie von anderen Menschen. Und ich werde nie vergessen, wie der alte Sam Larner sang:

Sailing over the Dogger Bank, wasn't it a treat?
The wind a'blowing east-nor-east so we had to give her sheet.
You ought to see us rally – the wind a'blowin' free.
A passage from the Dogger Bank to Great Grimsbee!

So watch her, Twigger, watch her, the proper joobajoo!
Give her sheet and let her rip we're the boys to put her through.
You ought to see us rally, the wind a'blowin' free.
A'sailin' from Dogger Bank to Great Grimsbee!

Dieses Lied, in dem Sam Larner beschreibt, wie sie bei einem herrlichen Ostnordost mit vollen Segeln über die Doggerbank nach Grimsby rauschten, und meint: »Da hättet ihr uns sehen sollen!« – dieses Lied wurde von einem Angehörigen jener stolzen Rasse Homo sapiens gesungen. Es ist durchaus legitim, daß der Mensch seine Geistesgaben gegen die Bewohner der Tiefe einsetzt und sich dabei Wind, Segel, Ruder und Hanfnetz zunutze macht. Diese Menschen hatten noch echte Zuneigung, Respekt und Verständnis für die Beute, die sie jagten.

In Gedanken vergleiche ich Sam Larner mit einem Angehörigen jener anderen, jüngeren Rasse, Homo exstinctor, der in seinem geheizten Ruderhaus steht und seine Instrumente kontrolliert, während sein mächtiges, stählernes Dieselschiff ein Gebiet von mehreren Kilometern Durchmesser mit einem Netz einkreist, es einholt und alle Lebewesen darin zerstört, ausgewachsene Fische ebenso wie Fischeier, eben ausgeschlüpfte Brut, einfach alles; und der nichts als Leere, Tod und Verderben zurückläßt und ein komplexes und wunderbares System lebendiger Wechselwirkungen, das über Millionen und Millionen Jahre hinweg entstanden ist, völlig zerstört. Ein Beispiel für seine Lieder kann ich Ihnen nicht geben.

Der Homo exstinctor singt nicht.

## Kapitel 11
## Der Mensch im Zeitalter der technischen Revolution

> Doch wenn wir in der Sünde uns verhärtet,
> O Jammer! Dann verblenden unsre Augen
> Mit eignem Schmutz die Götter; trüben uns
> Das klare Urteil, daß wir unsern Irrtum
> Anbeten; lachen über uns, wenn wir
> Zum Tode hin stolzieren!
>
> William Shakespeare*

Ich fuhr in einem schnellen Wagen eine geteerte Landstraße in Kalifornien entlang und fühlte mich fast hypnotisiert von den sich über Kilometer erstreckenden Reihen einer Tomatenpflanzung. Die Reihen verliefen im rechten Winkel zur Straße und reichten bis zum Horizont. Die Sohle dieses Tales war absolut eben.

Wahrscheinlich war der einzige Grund dafür, daß mich dieser Anblick nicht tatsächlich hypnotisierte, die Tatsache, daß ab und zu eine Reihe fehlte – da war einfach nichts.

»Hat die Sämaschine da gehakt?« fragte ich meinen Gastgeber. »Nein«, sagte er, »die Düngemaschine.« Und er erzählte mir, daß nichts, aber auch gar nichts mehr – weder Unkraut noch Getreide – auf diesem Boden wachsen konnte, ohne daß man es direkt mit künstlichem Dünger versah: Nitrat, Phosphat und Pottasche.

Der Boden war völlig steril. Land, das zum fruchtbarsten auf diesem Planeten gehört hatte, war völlig unfruchtbar geworden. Seit dreißig Jahren hatte man dort nichts anderes als Tomaten angepflanzt, der Boden hatte kein Gramm Naturdünger oder Kompost bekommen, keinerlei Pflanzenrückstände wurden hineingepflügt (die Tomatenstauden hineinzupflügen hätte bedeutet, in dieser monokulturellen Situation die Anfälligkeit für Krankheiten zu vergrößern, also hat man die Pflanzen verbrannt). Statt dessen wurden alle Nährstoffe, die die Pflanzen brauchten, Jahr für Jahr in anorganischer Form zusammen mit dem Wasser beigegeben. Es ist bekannt, daß die reichliche und ständige Zugabe künstlichen Nitrogens die organische Materie im Boden »verbrennt« (das Nitrogen nährt und aktiviert die Fäulnisbakterien); das ständige Einsickern des Wassers aus den

* Aus: William Shakespeare: Antonius und Cleopatra, 3. Akt, 11. Szene.

Berieselungsanlagen und die heiße kalifornische Sonne hatten den Rest erledigt. Der Boden war vollkommen steril.

»Warum halten Sie nicht ein paar Tiere und verteilen ihren Dung auf die Felder?« fragte ich. »Wo sollte ich denn die Arbeitskräfte herbekommen, um die Tiere zu füttern, um auszumisten und was sonst noch gemacht werden muß? Und wie viele Tiere würde ich bei dieser Größenordnung – zehntausend Hektar – brauchen? Einige Tausend?« – »Warum bauen Sie dann zwischendurch nicht mal Getreide an?« – »Damit ich noch mehr Erntemaschinen kaufen muß, als ich ohnehin schon habe? Ich werde Ihnen mal meine neueste Tomatenpflückmaschine zeigen. Ich habe mich gerade fünfundachtzigtausend Dollar tief in Schulden gestürzt, um sie zu kaufen.«

Er schleifte mich zu einem riesigen Geräteschuppen und zeigte mir die neue Tomatenpflückmaschine. Sie war so groß wie ein kleines Schiff. Daneben stand eine zweite, fast ebenso große, die er im Jahr zuvor für fünfundsechzigtausend Dollar gekauft hatte.

»Warum haben Sie nach nur einem Jahr eine neue gekauft?« wollte ich wissen. »Weil ich für die alte fünfundzwanzig Wetbacks zum Aussortieren der Tomaten brauchte. Bei dieser sind nur fünf notwendig, weil sie ein elektronisches Auge hat. Die Wetbacks sind inzwischen gewerkschaftlich organisiert und verlangen hohe Löhne.«

Wetbacks sind mexikanische Arbeiter. Der Name kommt daher, daß ihre Hinterteile naß wurden, als sie den Grenzfluß durchschwammen, um auf illegalem Weg in die Vereinigten Staaten zu gelangen.

»Und was fangen Sie mit der alten Maschine an?« fragte ich. »Verschrotten. Die will niemand mehr. Ich muß sogar noch dafür blechen, daß sie jemand mitnimmt. Aber kommen Sie, ich möchte Ihnen noch etwas zeigen.«

Er führte mich in seinen Garten. Er war von Hand bestellt und sah außerordentlich fruchtbar aus. Unter anderem gab es dort auch ein paar herrliche Tomatenstöcke.

»Wofür zum Teufel pflanzen Sie denn Tomaten in Ihrem Garten?« fragte ich, während ich an diese unendlichen Felder verkrüppelter Tomatenstauden da draußen dachte. »Glauben Sie vielleicht, ich selbst würde dieses Zeug essen?« sagte er. »Diese Massentomaten schmecken verdammt nach gar nichts. Und wir besprühen sie mit so viel Gift, daß ich sie nicht einmal für Geld essen würde. Sie schmecken nur noch nach Chemikalien.«

»Gefällt Ihnen denn das Leben, das Sie so führen?« wollte ich wissen.

»Schauen Sie, mir geht es genauso wie den anderen Tomatenpflanzern – ich sitze in der Falle. Ich gehöre mit Haut und Haaren den Konservenherstellern. Ich stecke bis über beide Ohren in Schulden. Wenn ich das ganze verdammte Zeug hier verkaufen würde, hätte ich noch immer Schulden. Und ich werde mein ganzes Leben lang nicht aus den Schulden herauskommen. Ich hasse diese Art Farmwirtschaft und ich weiß, daß sie schlecht ist. Mein Vater erzählte mir von seinem kleinen Acker damals in Kansas, den er mit Pferden und ohne Gift und Chemikalien bewirtschaftet hat, und wo er gesund und glücklich war und sein Leben lang keine Schulden hatte. Aber so weit ist es gekommen. Und ich komme da nie heraus, bis ich sterbe.«

Vielleicht hat er nicht genau diese Worte verwendet, aber sinngemäß hat er das gesagt.

Aber wer profitiert nun von dieser hochtechnisierten Bebauungsmethode? Der Farmer? Weit gefehlt. Der Verbraucher? Indem er geschmacklosen, vergifteten Abfall ißt? Keinesfalls. Der Boden? Ganz sicher nicht. Das Leben auf diesem Planeten?

Nun, die Aktienbesitzer der Konservenfabrik sind wahrscheinlich noch am Leben, obwohl ich es schwerlich glauben könnte, wenn ich einem von ihnen begegnete. Und dann profitieren davon natürlich die Aktienbesitzer der Chemiekonzerne. Wirklich? Freilich werden sie reich. Aber bringt sie das dem Thron Gottes auch nur einen Schritt näher, um eine hinduistische, moslemische und christliche Redewendung zu gebrauchen?

Wer also – oder was – profitiert?

Diese spezielle Form des Anbaus stellt vielleicht das absolute Ideal des technisierten Ackerbaugeschäfts dar, aber man darf nicht glauben, daß es sich hier um einen Einzelfall handelt.

Ich sah mich gezwungen, mein eigenes, geliebtes Land, Suffolk in England, zu verlassen, weil ich genau diese Entwicklung nicht länger ertragen konnte. Ich mußte zusehen, wie mein Land – das die Maler John Constable (1776–1837) und Thomas Gainsborough (1727–1788) unsterblich gemacht haben, das, als ich ein Kind war, vielleicht der lieblichste Landstrich auf Erden war – innerhalb von ein paar Jahrzehnten in ein riesiges Gersten- und Weizenfeld ohne Hecken, ohne Wälder und ohne Bäume verwandelt wurde. Die meisten der schönen alten, von einem Graben umgebenen Bauernhäuser wurden als Wochenendhäuser an Geschäftsleute aus der Stadt verkauft; die Landarbeiter – jene Männer, die mir in der Kindheit wie Helden vorgekommen waren – wurden hinausgeworfen (nein Verzeihung – »überflüssig gemacht« – ich darf nicht vergessen, was sich schickt), um Platz für Maschinen, Maschinen und nochmal Maschinen zu machen, und brutale Gewalt – Motoren und Chemie – trat an die Stelle guter Landwirtschaft. Ich habe nicht vor, dieses Buch mit Unmengen von Zahlen zu befrachten (obwohl ich das könnte), sondern will hier nur einen Vergleich anstellen, der, wie ich glaube, alles besagt.

1939 wurden in Großbritannien im Durchschnitt 60 Teile Nitrogen pro Morgen (= 4047 Quadratmeter) eingesetzt. 1968 waren es 749 Teile. Das ist über zwölfmal so viel. Ist dementsprechend auch die Ernte zwölfmal so groß gewesen? Nein. Übrigens braucht man das Äquivalent zu einer Tonne Kohle, um eine Tonne Ammoniumsulfat herzustellen (Ammoniumsulfat ist eine der gebräuchlichsten Formen künstlichen Nitrogens). Gegenwärtig wird diese Energie durch Erdgas und -öl geliefert, nicht durch Kohle. Und wenn diese Gas- und Ölvorkommen erschöpft sind? Wer ernährt uns dann?

Aber das moderne, westliche Ackerbaugeschäft ist so abhängig von künstlichem Nitrogen, daß es ohne ständige ungeheure Beigaben überhaupt nichts mehr produzieren könnte.

Jeder, der dieses Buch bis zu diesem Punkt gelesen hat, weiß sicher über all die »Untergangs«-Literatur Bescheid, die in den letzten zwei Jahrzehnten erschienen ist. Ich will das hier nicht alles wiederkäuen. Ich beschäftige mich hier nicht mit den konkreten Ergebnissen der Einstellung des Menschen im Zeitalter der Technik gegenüber der übrigen Natur, sondern mit eben dieser Einstellung.

Alex Faulkner sieht in der Landung der Amerikaner auf dem Mond den »Beweis, daß der Mensch in einer Zeit des Zynismus und der Hoffnungslosigkeit noch immer alles tun kann, was er will, solange er den festen Willen und das entsprechende Geld hat«.

Alles?

Dieser selbe Apologet zählt übrigens eine Liste von Wundern auf, die uns der Flug zum Mond beschert hat und die das Leben für uns arme Erdenwürmer, die wir zurückbleiben mußten, so unendlich reicher und lohnender machen. Diese sind: ein neuer Typ des Herzschrittmachers (um die am Leben zu halten, die im Grunde genommen tot sein sollten), eine elektrische Kaffeemaschine, ein tragbarer, zweiflammiger Kocher aus Glas und Keramik, ein drehbarer Grillspieß, Weltraumdecken für sportliche Aktivitäten, ein Digitalthermometer, einen Kugelschreiber, der auch mit der Spitze nach oben schreibt, Seife, die aufgrund eines eingebauten Magneten an jeder Metallwand hält, ein lautlos funktionierendes Alarmsystem, Kanal- und Dachabdichtungen, flüssige Reinigungsmittel, Farbentfernungsmittel, eine Dauertaschenlampe, Essen aus der Tube, stromlinienförmige Scheinwerfer.

Uff! Ich weiß wirklich nicht, worauf ich mich als erstes stürzen soll!

Jahrelang habe ich mich mit den Einflüssen auf die menschlichen Wesen in unserer »modernen Zeit« beschäftigt und diese Einflüsse mit denen früherer Zeiten verglichen. Jetzt aber mache ich mir ausschließlich Sorgen um die Auswirkungen dieses Zeitalters auf die gesamte Natur, und auf uns nur insofern, als wir auch ein Teil dieser Natur sind.

Ich könnte zwölf Bücher mit einer Aufzählung der Greueltaten und Abscheulichkeiten füllen, die der Mensch des Technik-Zeitalters gegenüber dem Rest der Natur begangen hat. Und die Frage läßt mir keine Ruhe, ob er sich selbst oder nur die Menschen, die er »Wissenschaftler« nennt, verehrt. Ich glaube eher, letzteres. Hier nur eine kleine Zitat-Kostprobe aus einer einzigen Ausgabe des amerikanischen Magazins ›Science Digest‹.

»Dem Wissenschaftler, der als erster durch Bestrahlung Krebs in Tierzellen hervorgerufen hat, gelang – endlich – dasselbe Glanzstück an menschlichen Zellen. Damit ist ihm etwas geglückt, was Dutzende andere seit Jahren versucht haben.« – Wenn man ein Leben voll harter Arbeit an der frischen Luft führt, bekommt man keinen Krebs. Unter den Menschen auf dem Land ist diese Krankheit fast unbekannt. Krebs ist ein Produkt der »Wissenschaft«.

»Eine Infusion von 0,00000005 Gramm [eines ›schlafinduzierenden Hormons‹], das man der zerebrospinalen Flüssigkeit einer am Einschlafen gehinderten Ziege entnimmt, verursacht Schlaf bei einem Kaninchen.« – Hurra!

»Eine neue Generation von Lebensmittelzusätzen, die nicht mehr die bisherigen Gesundheitsrisiken birgt, ist entwickelt worden ... Einer Forschungsgesellschaft in Palo Alto, Kalifornien, ist es gelungen, nicht-absorbierbare Lebensmittelzusätze herzustellen. Man hat Lebensmittelzusätze an Molekularketten gebunden, die zu groß sind, um durch die Wand des Magen-

Darm-Trakts absorbiert zu werden.« – Aber wozu überhaupt das verdammte Zeug?

»Falls – oder besser wenn – die Technologie es dem Menschen ermöglicht, das Geschlecht eines Kindes zu bestimmen, werden sich dann die meisten Menschen für männliche Nachkommen entscheiden?« – Betrachten Sie die unglaubliche Arroganz dieses »oder besser wenn«. Der Journalist fährt fort, daß sie sich für männlich entscheiden werden, es dann viel zu viele Männer geben und damit die menschliche Rasse aus dem Gleichgewicht geraten wird. Warum macht man es dann?

»Die Augäpfel von Versuchspersonen, denen man die Augen verbunden hatte, wurden von unten mittels eines fasergeleiteten, starken Lichtstrahls, der in den Mund gehalten wurde und nach oben gerichtet war, beleuchtet. Die Testpersonen konnten diffuses Licht wahrnehmen; wurde das Licht in schneller Folge an- und abgeschaltet, . . . konnten sie die Veränderung feststellen.« – Meine lieben Wissenschaftler, wenn ihr das in meinem Mund versucht, so warne ich euch hier und jetzt, daß ich euch eins aufs Dach geben werde, und zwar kräftig.

»Das ist keine Science-Fiction: Die Technologie für einen Tunnel durch das ganze Land und einen magnetgetriebenen Zug, der die Strecke New York – Los Angeles in weniger als einer Stunde zurücklegt, ist vorhanden.« – Aber warum zum Teufel sollte irgend jemand von einem verschmutzten und trostlosen Ort zu einem anderen verschmutzten und trostlosen Ort in weniger als einer Stunde kommen wollen? Oder in irgendeinem anderen Zeitraum?

Ja, ich glaube, daß der Homo exstinctor den Großen Gott Wissenschaftler verehrt, und nicht nur sich selbst. O großer und mächtiger Supermann in weißem Kittel und Brille – gib uns, wir flehen dich an, einen Zug, der uns in einer Stunde von New York nach Los Angeles bringt, und finde heraus, wie unsere Augen funktionieren!

Die Menschheit hat zu allen Zeiten bewiesen, daß wir einen Gott brauchen. Man betrachte jenes makabre Schauspiel auf dem Roten Platz in Moskau, wo die Menschen in endlosen Schlangen an einem konservierten Leichnam vorbeidefilieren (und was haben sie mit Stalin gemacht, als er in Ungnade fiel? Seinen Leichnam in die städtische Einäscherungsanlage geworfen? Wir werden es nie erfahren). Man betrachte die Franzosen, die in ihrem atheistischen Stadium nach der Revolution das grauenhafte Pantheon errichtet haben, um dort die Asche der glorreichen Toten aufzubewahren. Man betrachte die Ehrfurcht und Ehrerbietung, die unsere Zeitgenossen den Wissenschaftlern erweisen. In meinem Kopf bewahre ich die Erinnerung an eine Fotografie unserer derzeitigen, geliebten Premierministerin in Großbritannien, die oben auf dem Gebäude eines Kernkraftwerkes in die Knie geht. Angeblich beugte sie sich herunter, um durch ein kleines Fenster einen Blick auf das tödliche Zeug unter sich zu werfen. Tatsächlich kniete sie nieder, um dem wahren Gott ihrer Religion zu huldigen. Vielleicht ist es bezeichnend, daß sein Name Pluto ist – der Gott der Unterwelt, der Hölle.

Und was erwarten wir vom großen Gott Wissenschaft als Gegengabe, wenn wir anhaltend zu ihm beten und ihm genügend Opfer bringen? Was er uns gibt: Freiheit von echter Arbeit (wenn auch nicht Freiheit vom endlosen Papierkrieg), jede Menge mit Fischmehl aufgepäppelte Brathühnchen (die Tatsache, daß diese Hühner ihr armseliges Leben in der Hölle verbringen, braucht uns nicht zu kümmern), ein Leben bei gleichbleibender Temperatur, so daß wir nie Hitze oder Kälte empfinden müssen, endlosen Sex ohne jegliche Verantwortung und die Möglichkeit, mit Schallgeschwindigkeit von einem trostlosen Platz zum anderen zu reisen. Was wollen wir mehr? Ist das nicht der Himmel auf Erden? So sicher, wie wir alle im Grunde unseres Herzens wissen, daß es keinen anderen Himmel gibt. Dank endlosen ökonomischen »Wachstums« werden wir alle reicher und können uns alle flambierte Delikatessen im Restaurant leisten, Vergnügungsflüge nach Korsika und nach Peru (um hier wie dort genau dasselbe vorzufinden wie in allen anderen Teilen der Welt – dasselbe Essen, dieselbe Musik, dieselbe »Kunst«, dieselben Vergnügungsstätten), zwei Autos und eine Plastik-»Jacht«, die wir auf einem Trailer hinterherziehen – wir alle können uns all diese Freuden leisten. Die Verehrung des goldenen Kalbes hat den Babyloniern nichts vergleichbares eingebracht. Wir können in jedem Raum, Lokus eingeschlossen, einen Farbfernseher haben.

Von allen Göttern, die die Menschheit seit ihrer Zeit auf Erden verehrt hat, ist die Wissenschaft der einzige, der uns das wahrhaft Gute bringt. Man muß nur an die armen Wilden in Neuguinea denken. Als Steinzeitmenschen haben sie den Cargo-Kult entwickelt. Unter unsäglichen Mühen schlagen sie Rollfelder in den Dschungel. Und dort halten sie in hölzernen Türmen Tag und Nacht Wache, unerschütterlich in ihrem rührenden Glauben, daß eines Tages ein Flugzeug landen wird, beladen mit all den schönen Dingen, nach denen sich ihr Herz sehnt. Aber o weh – es kommt kein Flugzeug. Sie warten vergebens. Aber unsere Flugzeuge kommen! Unsere Götter bringen uns, was das Herz begehrt! Vertraue auf den Mann im weißen Mantel und alles wird dir gegeben werden!

Unglücklicherweise trägt der Mann im weißen Mantel Scheuklappen. Er spezialisiert sich so sehr, um schwindelnde Höhen in seiner ganz speziellen Disziplin zu erklimmen, daß er in allen anderen Bereichen ein völliger Idiot ist. Zu seiner Religion gehört es, daß, was möglich ist, auch in die Tat umgesetzt wird. Wenn eines dieser Gewächse einen Weg findet, die Welt in die Luft zu jagen, dann wird er das auch tun, da habe ich nicht den geringsten Zweifel.

Natürlich gibt es so etwas wie echte Wissenschaft – die aufrichtige und ehrliche Suche nach dem Wesentlichen, die uns dem Thron Gottes (um dieses religiöse Bild noch einmal zu gebrauchen) wirklich näherbringt. Wir können nicht Einstein die Schuld dafür geben, daß er die Entwicklung der Atombombe ermöglicht hat; immerhin hat er, nachdem Tausende und Abertausende kleiner Kinder aufs grausamste verstümmelt worden waren und, soweit sie überlebten, dazu verdammt waren, sich den Rest ihres Lebens in Schmerz und Elend dahinzuschleppen, gesagt, daß er, wenn er so etwas vorausgesehen hätte, Uhrmacher geworden wäre.

Jeden sensiblen Beobachter am Rand des Spielfeldes muß die atemberaubende Geschwindigkeit, mit der unser Leben auf seine Zerstörung zurast, anwidern und entsetzen. Bei seiner wahnsinnigen Jagd nach mehr und mehr Wachstum tilgt der Homo exstinctor eine Gattung der übrigen Lebensformen nach der anderen aus. Wessen Wachstum denn? Wachstum der unsterblichen Seele und des menschlichen Geistes? Ganz sicher nicht. Wachstum der Anzahl von Farbfernsehern.

Aber warum sollten denn die Armen nicht so viele Güter haben wie die Reichen? Warum sollte eigentlich nicht jeder Russe und Chinese ein Auto und – letztendlich – ein Flugzeug haben? Ich habe ein Auto. Und wenn irgend jemand meint, andere sollten keines haben, weil die Rohstoffe dieses Planeten dafür nicht ausreichen, würde die Antwort der Götzenanbeter lauten: Die Wissenschaft wird uns die Rohstoffe schon verschaffen. Das Öl geht zur Neige? Ach, sie werden schon wieder welches finden. Auch das wird eines Tages erschöpft sein? Na ja, dann gibt es ja noch Kohle. Ja, aber irgend jemand muß hinuntergehen und sie holen! Aber durchaus nicht – die Wissenschaftler werden schon einen Weg finden, sie gleich da drunten in Benzin zu verwandeln.

Und schließlich gibt es ja noch die allmächtige Nuklearenergie. Die hartnäckige Weigerung sowohl der Götzenanbeter als auch der Wissenschaftler zuzugeben, daß die Nuklearenergie völlig unökonomisch ist, nie ökonomisch sein kann und außerdem irrsinnig gefährlich ist, zeigt nur, wie gut sie wissen, daß ihr ganzer Zirkus ohne sie nicht weitergehen kann. Das Öl wird eines Tages erschöpft sein – auch wenn sie diese trostlose und schreckliche Erkenntnis verdrängen. Wir sollten beten, daß es so weit kommt, solange noch irgendwelches nicht-menschliches Leben auf diesem Planeten übrig ist. Denn genau dieses Öl verleiht dem Homo exstinctor seine scheinbar grenzenlose Macht. Niemals hat es etwas gegeben – und niemals wird es etwas geben –, was uns so gut wie umsonst mit Energie versorgt, wie jene Flüssigkeit, die in ungeheuren Mengen aus der Erde sprudelt, sobald irgend jemand an der richtigen Stelle ein Loch bohrt. Atomkraft kann niemals so billige Energie liefern. Aus Atomkraft gewonnene Elektrizität ist die teuerste, die je auf Erden gewonnen wurde. Bevor das Öl anfing knapp zu werden, war die aus Öl hergestellte Energie am billigsten. Was für einen Fehler hat die Lebenskraft da begangen, als sie diese schwarze Flüssigkeit unter der Erde gelagert hat.

Ich bete, daß es mit der Atomkraft nicht hinhauen wird – nicht, weil sie gefährlich und schlecht ist, uns Krankheit bringt und unseren Nachkommen Schaden zufügt, sondern weil die Macht, die sie uns in die Hände gibt, wenn sie funktioniert, uns erlauben wird, mit der Zerstörung unseres Planeten fortzufahren.

Sie zweifeln daran, daß wir unseren Planeten tatsächlich zerstören? Sehen Sie sich die Dschungel des Amazonas an, die von gierigen Leuten in riesigem Ausmaß niedergebrannt werden, in der Absicht, aus zehn Jahren Graswuchs auf dem dünnen Lateritboden, der nach der Zerstörung übrigbleibt, Profit zu schlagen. Sie wissen, daß der Boden innerhalb von zehn oder fünfzehn Jahren völlig erodiert. Aber zehn Jahre genügen, um ein Vermögen zu machen – und was wünscht sich ein gieriger Mensch mehr als ein Vermögen? Wenn ich es nicht tue, dann tut es jemand anders, das ist ihr Standpunkt. Und wenn die Regierung es mir verbietet, dann werde ich sie eben bestechen. Sehr einfach. Und wenn ich mich weigere, die Regierung zu bestechen, dann tut es eben jemand anderes.

Ein echter Wissenschaftler, Ernst Gorch, hat eine Möglichkeit gefunden, Regenwälder in anbaufähiges Ackerland zu verwandeln, ohne den Wald niederzubrennen. Er hat seine Methode in den Wäldern von Costa Rica entwickelt. Sie besteht darin, die Bäume zu fällen, das verkäufliche Bauholz wegzuschaffen, alles andere aber (Zweige etc.) liegen und verrotten zu lassen und zwischen den herumliegenden Baumresten in sorgfältiger Folge verschiedene Nahrungsmittel anzubauen. Anstatt sich durch Verbrennen aufzulösen, zerfällt das Holz sehr langsam und führt seine Nährstoffe wieder dem Boden zu. Auf diese Weise entsteht eine »dreidimensionale Landwirtschaft« (Früchte tragende Bäume und darunter Früchte tragende Felder), die man auf Dauer aufrechterhalten könnte.

Aber die großen Bosse versuchen alles, um Gorch aufzuhalten: Nicht einmal vor einem Mordversuch schrecken sie zurück. Warum? Weil der kurzfristige Profit geringer ist, obwohl die Erträge auf lange Sicht bei dieser Methode weitaus größer sind als beim Abbrennen. Die Gutsbesitzer wollen vermeiden, daß die Regierung zu der Überzeugung gelangt, sein Vorgehen sei das richtige, und ein Gesetz erläßt, das dem derzeit üblichen radikalen Niederbrennen Einhalt gebietet. Denn schließlich sind die wohlhabenden Gutsbesitzer ja nicht am Profit auf lange Sicht interessiert. Sie wollen ihren Profit jetzt, so daß sie ihn verprassen können. Warum also sollten sie warten? Warum sollten sie auch nur eine Minute warten? Und welche Rolle spielt es schon, daß jedesmal, wenn sie wieder ein großes Waldstück in Brand setzen, ein ganzes Ökosystem, das über Billionen Jahre hinweg entstanden ist, in Staub und Asche verwandelt wird? Was macht es schon, wenn mehr und mehr Indianer immer weiter in den Dschungel hinein fliehen müssen, wo sie verhungern und durch Krankheit sterben!

Klimaforscher machen sich Sorgen, daß die Zerstörung der Wälder zu einem Mangel an Sauerstoff in unserer Atmosphäre führt? Glaubt ihnen kein Wort, sagen die Farmer – sie sind Spinner und Schwarzmaler, der typische Mann im weißen Kittel wird nie etwas sagen, was der Profitmacherei der Industriellen in die Quere kommt. Denn wer zahlt ihn schließlich? Er mag ein Gott sein – aber nur, solange er mit den richtigen Ergebnissen aufwartet. Betrachten Sie nur, wie Physiker, die sich gegen die Entwicklung der Atomkraft äußern, sofort verleumdet werden.

Homo exstinctor oder Tyrannohomo rex? Welches ist die passende Bezeichnung? Unsere Art wütet auf dem Planeten wie eine Pest – wie eine riesige Bestie. Jede andere Lebensform würde, wenn sie denken könnte, sich von uns tödlich bedroht fühlen. Wo immer der westliche Mensch hinkommt (und in zunehmendem Maß auch der südliche und östliche Mensch – sie lernen schnell), sät er Verderben und Verwüstung. Man denke nur an die unglaublich seelenlose Grausamkeit, Atomversuche auf den Pazifischen Inseln anzustellen – Inseln voller üppigem tierischem und pflanzlichem Leben, auf denen Millionen Arten von Lebewesen existieren! Wenn die Menschen je wieder zur Vernunft kommen, werden sie voller Abscheu und Entsetzen daran zurückdenken. Was immer in Zukunft geschieht, der Mensch sollte, falls er überhaupt überlebt, bis in alle Ewigkeit sein Haupt beschämt zu Boden senken.

## Kapitel 12
## Und dachten, sie wären die Herren

Stets wenn Verbrechen sich erhebt
Und Frömmigkeit zu wanken droht,
Erschaffe ich mich selbst erneut
Durch meines Willens Machtgebot.
Bhagavadgita 4, 7

Da sind wir nun also: Bei dem maßlos überheblichen Irrglauben, dem Glauben, daß der Mensch überhaupt kein Teil der Natur mehr sei. Wohin wir blicken, sehen wir Menschen, die ihre Überheblichkeit und die Verehrung des Menschen als Gott so verblendet hat, daß sie Dinge tun, die eigentlich nur Wahnsinnige tun können. Sie häufen nukleare Vernichtungskapazität an, peitschen den Boden mit Gift auf, bis es sich sogar auf die Pinguine in der Antarktis auswirkt, bauen Atomkraftwerke, von denen wir wissen, daß sie zu Verschmutzung und Tod führen müssen, plündern den Planeten aus, um immer noch mehr Rohstoffe für das hoffnungslose Unterfangen, ihre unersättliche Besitzgier zu befriedigen, zu gewinnen, schlachten Meeresungetüme ab, um Futter für ihre Schoßhündchen zu haben, zerstören die Walddecke der Erde, um schnellen Profit daraus zu schlagen, obwohl sie wissen, daß dies vielleicht zu Veränderungen in der Atmosphäre führt, die sich für uns tödlich auswirken könnten ... Diese Taten sind die Taten von Verrückten – von Menschen, die der Glaube verrückt gemacht hat, daß sie sowohl allwissend als auch allmächtig seien, daß sie in der Tat Gott seien.

Und so sehr sich der Mensch auch danach sehnt – solange er diesem Irrglauben anhängt, kann er seine Hand nicht im Zaum halten. Homo exstinctor wird den Weg bis zum bitteren Ende gehen. Er wird sich selbst zerstören und die ganze Natur mit sich reißen.

Aber woran sollten wir denn dann glauben?

Wie bereits gesagt, kann man nicht einfach an etwas glauben, nur weil es zweckmäßig ist. Wäre es möglich gewesen, weiterhin zu glauben, die Erde sei der Mittelpunkt des Universums und im Himmel über ihr säße ein Gott auf seinem Thron, ein Gott, der den Menschen nach seinem Ebenbild geschaffen hat (und nicht umgekehrt), dann vielleicht steckten wir jetzt nicht in dieser Sackgasse. Wir wären nicht jenem folgenschweren Trugschluß erlegen. Und wir hätten keine Atombombe erfunden.

Aber Galilei blickte durch sein Fernrohr – und die Welt mußte die Wahrheit glauben. Mein Gefühl sagt mir – da geht es mir nicht anders als Galilei –, daß man sich an die Wahrheit halten muß, auch wenn das die Zerstörung der Welt bedeutet. Aber ich habe gleichzeitig das Gefühl, daß man, hält man sich nur ernsthaft genug an die Wahrheit und sucht sie bis zur letzten Konsequenz zu erforschen, am Ende nicht so weit kommt, daß man die Welt zerstört. Wüßten wir genug, würden wir die Atombombe nicht bauen.

Selbst wenn wir wissen, daß ein bestimmter Glaube uns retten wird, können wir diesen Glauben nicht einfach wie mit einem Lichtschalter andrehen. Entweder wir glauben wirklich – oder eben nicht. Ich hörte meinen Nachbarn sagen: »Glaube an Jesus Christus, und du wirst gerettet werden!« Zweifellos. Tut mir leid – ich glaube an vieles, was dieser Mann gesagt hat – ich glaube, daß er ein sehr guter und einsichtiger Mensch war, aber weiter kann ich nicht gehen.

Glauben kann ich nur, was mein Verstand und mein Gefühl als wahr erkennen. Im ersten Teil dieses Buches habe ich zu zeigen versucht, daß wir mit dem bloßen Verstand zu der Schlußfolgerung gelangen müssen, daß irgendeine Tendenz oder Kraft existiert, die bewirkt, daß Nicht-Materie zu Materie, Materie zu lebender Materie et cetera wird. Sie und ich, wir beide müssen das als Wahrheit akzeptieren, weil es so offensichtlich wahr ist – genauso sah Galilei durch sein Fernrohr, daß es offensichtlich wahr ist, daß die Planeten nicht an Kristallkugeln kleben. Sie existieren. Ich weiß das, weil Sie dieses Buch lesen. Ich existiere, weil ich es schreibe. Und wir sind beide aus toter Materie – und letztlich fast mit Sicherheit aus dem Nichts – entstanden.

Wenn wir unsere übermäßige menschliche Überheblichkeit nur einen Augenblick lang beiseite lassen und nachdenken, dann wissen wir auch, daß wir aus der Natur kommen und ein Teil von ihr sind. Ich glaube nicht, daß viele gebildete Menschen heutzutage bestreiten würden, daß wir Säugetiere, Primaten und damit Angehörige des Tierreichs sind. Das sagt uns unsere Vernunft – und unser Gefühl.

Deshalb sind wir Manifestationen der Lebenskraft. Und die Lebenskraft hat uns nicht ohne Grund hervorgebracht/geschaffen/entwickelt – und auch nicht nur für uns selbst.

Wir sind ein Experiment. Das Phänomen der Intelligenz auf dieser Erde ist ein Experiment – ein Experiment der Evolution, des Lebens, der Lebenskraft; die Bezeichnung spielt dabei keine große Rolle. Und je nachdem, ob das Experiment den Zielen der Lebenskraft dient oder nicht, ist es erfolgreich oder nicht, wie der Stegosaurus. Entweder es erfüllt die Erwartungen der Lebenskraft, oder es bleibt hinter ihnen zurück.

Ein kleiner blauer Vogel hüpft gerade an meinem Fensterrahmen hoch und hält nach Fliegen Ausschau. Ich stelle mir vor, daß er sagt: »Ja, du bist auch für mich da. Du bist sehr intelligent und hast ungeheure Kraft, aber ich muß dir vertrauen, weil du hierher gestellt worden bist, nicht als Tyrann und Mörder, sondern als echter Bauer, und du wirst deine große Kraft nicht dazu gebrauchen, mein Nest, meine Kinder und meinen Lebensraum zu zerstören. Du wirst mich lieben und respektieren.«

Der Mensch als Bauer! Und das ganze auf Latein! Wie würde ich jubeln, wenn das unser Name wäre! Um wieviel besser würde mir das gefallen als der vernunftbegabte Mensch oder der tyrannische Mensch oder der zerstörerische Mensch!

Die Natur hat das Gehirn für ihre Zwecke hervorgebracht, doch das Gehirn ist verrückt geworden. In seiner Überheblichkeit ist es zu dem Glauben gelangt, daß es selbst der Zweck des Universums sei und daß die Natur, die es hervorgebracht hat, zu seinem Wohl da sei.

Aber wir Menschen sind nicht nur überheblich und vergöttern uns selbst. Sogar innerhalb unseres Körpers hält sich das denkende Gehirn für etwas Besseres!

Vielleicht ist dies die Wurzel unserer Krankheit – daß die denkenden Teile unseres Gehirns glauben, sie seien vom restlichen Körper getrennt und diesem überlegen. Vielleicht müssen wir genau an diesem Punkt mit unseren Bemühungen, unsere Krankheit zu kurieren, ansetzen.

Der westliche Mensch ist zu dem Glauben gelangt, daß nur sein Gehirn für ihn von Wichtigkeit ist – der restliche Körper ist lediglich dazu da, es herumzutragen. Der Mensch ist nur sein Gehirn. Der Buschmann Joseph wußte, daß jede Zelle in seinem Körper er selbst war.

Wollen wir uns noch einmal als das betrachten, was wir sind: eine Ansammlung von Zellen, von denen jede ein eigenständiges Lebewesen darstellt. Ich verlange nicht, daß irgend jemand etwas vorheuchelt, was nicht offensichtlich wahr ist –

wir wissen, daß es stimmt. Jeder kann durch ein Mikroskop sehen und sich selbst davon überzeugen. Bisher habe ich noch an keiner Stelle in diesem Buch vom Leser verlangt, irgend etwas zu glauben, was nicht der bloße Verstand als Tatsache anerkennt.

Also gut, wir sind Anhäufungen von Zellen. Die Zellen haben sich selbst in bestimmte Richtungen spezialisiert, um das Überleben des ganzen Zellhaufens und damit auch das Überleben jeder einzelnen von ihnen sicherzustellen. Einige Zellen bilden unsere Milz, andere unsere linke große Zehe, wieder andere unser Gehirn. Und alle sind gleichermaßen wichtig! Solange eine Zelle lebendig und ein Teil von uns ist, ist sie für uns genauso wichtig wie jede andere Zelle. Und es ist eine Überheblichkeit jener Ansammlung von Zellen, die unser Gehirn bilden, anzunehmen, daß sie die »Größten« seien und der übrige Körper nur für sie da sei.

Haben Sie jemals bemerkt, daß man bei einem wirklich großartigen Orgasmus das Gefühl hat, als würde jede Körperfaser vor Freude jubeln? Während man so daliegt in den Armen der/des Geliebten, erlebt man ganz intensiv das Gefühl, daß jede einzelne Zelle in einem an dieser Explosion teilgenommen hat.

Und natürlich war jede Zelle beteiligt. Die Zelle, die von Ihrem Körper in den der Geliebten vorgedrungen ist (nehmen wir einmal an, Sie seien ein Mann), ist der Gesandte – der Repräsentant – für alle. Wenn diese Samenzelle ihr Ziel erreicht – den Fortbestand der Nachkommenschaft – überträgt sie diese Unsterblichkeit auf alle anderen Zellen in Ihnen. (Wenn Sie eine Frau sind, ersetzen Sie Samenzelle durch Eizelle – tut mir leid, ich bin ein Mann, aber umgekehrt ist es genau dasselbe.)

Das Gehirn des über-intellektualisierten westlichen Menschen – des »Mannes im weißen Kittel« – hat sich selbst vom übrigen Körper, dessen Bestandteil es ist, abgeschnitten. Es ist wie am Hof von Frankreich, der sich so weit von seinen Untertanen distanzierte, daß die unselige Königin (Marie Antoinette; Anm. d. Ü.) sagte: »Sollen sie doch Kuchen essen.«

Man kann die Zellen, die unser Gehirn bilden, durchaus als den Hof oder die Regierung der »Leute« – der anderen Zellen in unserem Körper – betrachten. Doch der wahre Philosoph sagt: »Der König ist der Diener seines Volkes.« Als Bauer auf zweiundsechzig Morgen bin ich vielleicht der König von Millionen Lebewesen, die dieses Land mit mir teilen. Ich kann töten, lenken, fördern, verschonen, abschneiden, brüten lassen oder es verhindern. Doch wenn ich ein Bauer sein will und nicht ein Tyrann, muß ich jeden Augenblick daran denken, daß ich als König auch ein Diener bin. Ich muß an alles Leben auf meiner Farm denken und dafür arbeiten, und darf nicht alles andere Leben mit Ausnahme meiner selbst überheblich als etwas betrachten, das nur zu meinem eigenen Nutzen da ist. Denken Sie daran, was mit der Königin von Frankreich passiert ist. Auch die Natur hat eine Guillotine.

Und in gleicher Weise müssen die Zellen, die mein Gehirn bilden – und das Gehirn selbst, als Einheit betrachtet –, an meinen gesamten Körper denken. Jedesmal, wenn ich mich frage, was ich glauben oder tun soll, sollte ich das ganze »Ich« fragen – auch alle anderen lebendigen Einheiten, aus denen ich bestehe. Ich bin überzeugt, daß der Buschmann Joseph das getan hat. Wenn ich mich freue, soll sich jede Zelle in meinem Körper freuen. Und wenn ein paar von ihnen leiden, sollte auch ich leiden. Wir müssen dafür sorgen, daß unsere überaktiven und maßlos überheblichen Gehirne wieder daran denken, daß sie ebenso unsere Diener wie unsere Könige sind.

Vielleicht ist das der Zustand, den die Yogis anstreben. Ich habe einmal meine eigene, besondere Form von Yoga getrieben. Ich bin fünf Tage lang durch wildes Gelände in den Bergen von Wales gelaufen, jeden Tag über vierzig Kilometer. Ich habe meinen Körper bis an die Grenzen des Erträglichen gefordert und hatte das Gefühl, daß jede Zelle dieser Anhäufung, die ich als »Ich« bezeichne, jubelte, während sie bis zum äußersten gefordert wurde – jubelte über die Herausforderung und über die überirdische Schönheit dieser Berglandschaft. Als ich einmal auf dem Gipfel des Rhinog stand und auf das unwirkliche Blau der Cardigan Bay in weiter Ferne unter mir blickte, fühlte ich, daß jede Zelle in meinem Gehirn und meinem Körper über diesen ästhetischen Genuß jubelte und nicht nur der Teil meines Gehirns, dem meine Augen optische Botschaften vermitteln. Meine Augen und die Sehimpulse empfangenden Teile meines Gehirns sind ebensowenig nur zu ihrem eigenen Vergnügen da wie die menschliche Spezies auf diesem Planeten.

Es ist nicht notwendig, eine Seele zu postulieren. Ich verlange von niemandem, an so etwas zu glauben, genausowenig wie ich verlange, daß jemand an Gott glaubt. Ich fordere Sie jedoch auf, an eine Lebenskraft zu glauben, weil Ihr bloßer Verstand, wenn Sie ihn richtig benützen, Ihnen sagen muß, daß es eine Lebenskraft geben muß, denn sonst wären Sie nicht hier.

Ich glaube, daß ich eine Seele habe. Aber das ist eine besondere Art Glaube – nicht jene Art Glaube, zu dem man gelangt, indem man sich nur der Vernunft bedient, und deshalb fordere ich niemanden auf, ihn mit mir zu teilen. Jeder Mensch gelangt entweder ganz von selbst zu diesem Glauben oder eben nicht. Erst wenn man gelernt hat, als ganzer Organismus zu denken und zu fühlen – wobei jede Zelle im Körper an dieser Bemühung teilhat –, kann man zu solchen Schlußfolgerungen kommen. Als Thomas Carlyle der Natur zurief: »Bist du nicht der lebende Mantel Gottes?« drückte er damit die Tatsache aus, daß er sich nach schwerem Ringen vollständig von dem Geist seiner Zeit losgerissen und zu einer Vorstellung gelangt war, die nicht nur seinem Kopf entsprang.

Was also müssen wir glauben? Wenn die menschliche Rasse nicht das Schicksal von Marie Antoinette erleiden soll, müssen wir an die Existenz einer Lebenskraft glauben, die uns hervorgebracht hat, damit wir ihren Zielen dienen; und daran, daß genau darin unsere Aufgabe besteht. Das ist alles. Wir sind hier, um die Ziele der Lebenskraft zu verfolgen. Nur zu diesem Zweck sind wir geschaffen worden. Wenn wir versagen, wird das Leben das Experiment beenden. Jeder, der das Niederbrennen einer weiteren Million Morgen des Amazonasdschungels anordnet, begeht eine Todsünde – eine Sünde, für die es keine Vergebung geben kann. Es gibt da droben keinen alten Mann mit Bart, der einen Blitz auf ihn schleudert. Er wird genau dieselbe Quittung bekommen wie der Verrückte, der versuchte, seinen Körper abzutrennen, weil für ihn nur das Gehirn wichtig war. Wenn ein Politiker eine weitere Atomexplosion anordnet, begeht er eine Todsünde. Falls es eine Hölle gibt, dann wird er in ihr schmoren.

Ich glaube, daß sich ein neues Bewußtsein über die ganze Welt ausbreitet. Es tritt in vielen Formen auf, sagt aber immer dasselbe – im wesentlichen das, was ich in diesem Buch bereits zu sagen versucht habe. Wenn dieses Bewußtsein sich schnell genug ausbreitet, besteht vielleicht noch Hoffnung für die gegenwärtige Schöpfung oder Evolution des Lebens auf diesem Planeten. Aber die Zeit wird verzweifelt knapp. Inzwischen gibt es eine Million Vernichtungswaffen, die aufgestellt, auf ihr Ziel gerichtet, programmiert und geladen sind und nur darauf warten, mit Getöse über diesen bemitleidenswerten Planeten geschossen zu werden, wenn es irgendeinem (vom Volk bestimmten) Idioten gefällt. Jetzt kann uns nur noch ein vollkommen neues Bewußtsein retten, das sich so schnell wie ein Lauffeuer über die ganze menschliche Welt ausbreitet – und wenn ich sage uns, dann meine ich uns: alles Leben auf der Erde; ich meine auch den blauen Vogel an meinem Fenster.

Dieses neue Bewußtsein – diese neue Religion, wenn Sie so wollen (eine Religion muß nicht notwendigerweise das Übernatürliche oder irgendwelchen Aberglauben beinhalten) –, muß ihre Anhänger vollkommen und ein für allemal von der blasphemischen Illusion befreien, daß die Menschheit in irgendeiner Weise von der Natur getrennt oder ausschließlich für sich selbst da sei.

Ich sehe dieses Bewußtsein entstehen, ich sehe es wachsen. Zum Beispiel gibt es inzwischen fast in jedem Land eine »organische Bewegung« – eine Bewegung von Leuten, die es sich zur Aufgabe gemacht haben, einen Weg im Umgang mit dem Boden, mit Getreide, Vieh und allen freilebenden Tieren zu finden, der nicht allzu tyrannisch und destruktiv ist. Der Homo exstinctor gibt sich alle Mühe, auf seinem Grund und Boden alles, was lebt, Pflanzen wie Tiere, zu zerstören, soweit sie ihm nicht unmittelbar von ökonomischen Nutzen sind. Entsprechend verbrennt ein Weizenbauunternehmer nach der Ernte sein Stroh – in der Hoffnung, durch das Feuer so viel Wildwuchs wie möglich zu töten –, räumt jede Zufluchtsmöglichkeit für wildes Leben in Gestalt von Büschen, Wäldern, Heideland und Wildnis aus dem Weg und tränkt sein Getreide jedes Jahr von neuem mit tödlichen Giften – Unkrautvertilgungsmitteln, Insektentod, Pilztod, Bakterienkiller. So jemand kann ich nicht Bauer nennen, denn das ist eine ehrenvolle Bezeichnung: Ich bezeichne ihn als jemanden, der zum Krieg aufruft – einen durch und durch skrupellosen und zerstörerischen Experten in chemischer Kriegführung.

Der neue Typus des Bauern geht ganz anders vor. Er versteht die Ganzheit allen Lebens und arbeitet mit der Lebenskraft und nicht gegen sie. Anstatt zu versuchen, alles Leben in seinem Boden zu zerstören, ist er ständig darum bemüht, es zu vermehren. Er führt seinem Boden organische Materie zu, um die darin lebenden Bakterien und Pilze noch zu fördern. Er freut sich an der Vielfalt des pflanzlichen und tierischen Lebens in und auf seinem Boden.

Natürlich übt er eine gewisse Kontrolle über die Natur aus.

Er weiß, daß seine Rolle die des Menschen als Bauern ist. Aber er bleibt fair. Er kümmert sich natürlich darum, daß er seine eigene Familie ernähren kann – denn auch sie ist ein Teil der Natur. Aber er vergiftet oder tötet nicht rücksichtslos alles Lebendige, was ihm nicht unmittelbar von Nutzen ist.

Ich freue mich jedesmal, wenn ich von einem weiteren Land höre oder lese, in dem sich eine organische Gesellschaft gebildet hat! Erst vor kurzem habe ich einen Brief von einer japanischen bekommen. Vielleicht werden die Wale und Delphine doch noch gerettet.

Außerdem gibt es auf der ganzen Welt in zunehmendem Maße Gruppen, die sich darum bemühen, diesen oder jenen Teilbereich der Natur vor den Zerstörern zu bewahren. Man ist in einen kosmischen Kampf eingetreten – wie der Kampf von Kurukshetra, dessen Geschichte in der ›Bhagavadgita‹ erzählt wird. Es ist der Kampf zwischen Gut und Böse. Vielleicht ist es ein Kampf, der aus kosmischer Sicht nie endgültig gewonnen werden kann. Ich weiß es nicht. Vielleicht muß auch in Zeiten scheinbaren Friedens irgendein kindlicher Herold zum Dunklen Turm hinaufreiten, sein Schneckenhorn an die Lippen setzen und voller Kühnheit blasen – wie um zu bestätigen, daß das Leben noch existiert und daß es bereit und willens ist, sich gegen die Mächte der Dunkelheit und des Todes zur Wehr zu setzen.

## Kapitel 13
## Nehmen wir doch Vernunft an!

> Denn nicht durch trägen Müßiggang
> Gelangt der Mensch zur inn'ren Ruh,
> Und nicht durch Werkentsagung strebt
> Er innerer Vollendung zu.
> Vollziehe das notwend'ge Werk,
> Denn Tun ist besser als nichts tun,
> Selbst die Verrichtungen des Leibs
> Auf einer Tätigkeit beruhn.
>
> Bhagavadgita 3. 4, 8

Wenn Sie schließlich soweit kommen, den Glauben, daß der Mensch Teil der Natur ist, zu akzeptieren, dann müssen Sie ihre früheren Vorstellungen davon, was richtig ist, völlig über den Haufen werfen.

Dinge, die früher ganz in Ordnung schienen, erscheinen Ihnen jetzt falsch. Was vorher falsch erschien, richtig. Im fortgeschrittenen Alter müssen Sie alle Ihre Überzeugungen einzeln überprüfen. Schließlich ist alles besser, als sich an immer denselben Trott zu gewöhnen.

Eines weiß ich ganz sicher: Wir werden nichts ins rechte Gleis bringen, bevor wir nicht unsere eigenen, geistigen Werte zurechtrücken. Denn nichts hat für uns noch eine echte Bedeutung, und so werfen wir uns einfach auf das nächstliegende Spiel und das ist fast immer das des Geldscheffelns oder das (diesem verwandte) des Machtergatterns.

Wir gehören einer Generation an, die an nichts glaubt – und nichts hat für uns echten Wert oder Bedeutung. Gai Eaton schreibt in seinem Buch ›King of the Castle‹, das ich hier am liebsten vollständig zitieren würde: »Entferne von einem beliebigen Gegenstand seine geheiligten oder symbolischen Bestandteile, wirf ihn in den Fluß der rein quantitativen Erscheinungen, und sein Wert löst sich auf wie Fleisch, das in einem Faß voller Säure von den Knochen fällt.«

Meine Eltern gehörten zu der »aufgeklärten« Generation, die ihren Höhepunkt in den sogenannten Roaring Twenties erlebte. Ich erlebte diese »goldenen zwanziger Jahre«, aber anstatt zu glänzen äußerten sie sich in einer Reihe alberner, schillernder Auswüchse. Und deshalb nenne ich sie, wie man sie wirklich nennen sollte: die »albernen zwanziger Jahre«. Dies war das erste wahrhaft gottlose Jahrzehnt, und wenn man ein Jahrzehnt anhand seiner Werke und Errungenschaften beurteilen kann, war es das wertloseste Jahrzehnt, das die Menschheit je erlebt hat.

Die Zeitgenossen meiner Eltern waren keine Agnostiker, sondern Atheisten (auch wenn einige von ihnen das nie zugaben). Sie glaubten überhaupt nicht an Gott. Sie maßen allem lediglich eine rein quantitative Bedeutung bei. Sie verbrachten ihr Leben mit der unablässigen Suche nach Vergnügen, denn Vergnügen war das einzige, das ihnen etwas bedeutete. Zuerst kam natürlich die Suche nach dem Geld, denn ohne das konnten sie die Vergnügungen, nach denen sie gierten, nicht bekommen. Sie fanden Geld und sie fanden Vergnügen, irgendein billiges Vergnügen, aber als sie starben, sahen sie nicht sehr gut aus. Sie mußten erfahren, was Carlyle meinte, als er von einem »Beinhaus voller Schemen« sprach. Sie glaubten ganz sicher nicht, daß sie zur Natur gehörten – sie nahmen die übrige Natur bestenfalls als etwas wahr, das man durch die getönten Glasfenster ihres Chauffeur-gesteuerten Automobils vorbeiflitzen sah.

Unser gegenwärtiges Zeitalter versucht, Gott wiederzuentdecken. Die meisten von uns glauben, daß wir Ihn gefunden haben. Wir brauchen doch bloß in den Spiegel zu sehen, oder? Oder den nächstbesten Mann im weißen Kittel zu betrachten? Eine Minderheit – die bärtige, langhaarige Minderheit – versucht alles, vom Wünschelrutengehen bis zu Hare Krishna. Vielleicht sind sie auf einer besseren Fährte.

In früheren Zeiten mußten die meisten Menschen nicht erst nach Gott suchen: Sie wußten einfach, daß er da war. Zwar mußten sie sich damals um alles mögliche Sorgen machen; die einen hatten Hunger (aber wenigen ging es so schlecht wie den Menschen, die heutzutage in der sich ausbreitenden Wüste der Sahelzone verhungern), andere wurden unterdrückt (aber nicht schlimmer als die Indianer in den zusammenschrumpfenden Regenwäldern des Amazonas), andere wieder wurden gedemütigt (aber nicht mehr als der heutige Junior-Abteilungsleiter, der dem Intrigenkarussell in der Firma nicht entgehen kann). Aber sie alle wußten, daß es einen Gott gibt, sie alle waren sich eines Lebens nach dem Tode sicher, und die Geräte, die sie hinterließen, waren fast ohne Ausnahme schön. Sie fielen der übrigen Natur so gut wie gar nicht zur Last, während unsere fröhliche, atheistische Generation wild entschlossen ist, sie zu zerstören.

An dieser Stelle muß ich ein Geständnis ablegen, das in den Augen vieler Leser nahezu alles, was ich in diesem Buch geschrieben habe, zunichte machen wird. Ich glaube an Gott. Ich verlange von niemandem, diesen sonderbaren Glauben zu teilen. Ja – ich bete sogar! Ich rutsche nicht auf meinen Knien herum wie Maggie Thatcher auf dem Dach eines Atomkraftwerks – ich stehe mit hocherhobenem Kopf im Freien und breite meine Arme weit aus, um, gleichsam als Ritual, alle Materie des Universums zu umarmen, belebte und unbelebte.

Doch obwohl ich Sie auffordere, meinen Glauben an die Lebenskraft oder die Tendenz, die das Leben hervorgebracht hat, zu teilen, weil ich glaube, daß ich einen rationalen Grund dafür angegeben habe, möchte ich gar nicht, daß Sie meinen Glauben an Gott teilen. Warum? Weil jedes menschliche Wesen selbst zu der Erkenntnis Gottes gelangen muß. Es gibt wenig, was bewußte Überlegungen dazu beitragen könnten. Der Mensch muß mit seinem ganzen Sein – mit jeder einzelnen Zelle – zu diesem Glauben gelangen. Ich glaube, daß es in früheren Zeiten Offenbarungen gegeben hat. Einige der Evangelisten, Jesus selbst, Buddha, Mohammed und viele Seher und Propheten sehr viel späterer Zeiten sind in Wirklichkeit Boten gewesen; ihnen wurden übermenschliche Einsichten zuteil, die uns anderen nicht vergönnt sind. Glücklich die Menschen, die ihnen folgten und ihren Botschaften Glauben schenkten. Ihr Leben war einfach und sie waren zufrieden. Unglücklich die Menschen, die wie unsere eigene Generation vergessen haben, wie diese Botschaften lauteten, und jetzt verzweifelt versuchen müssen, die ganze Sache selbst aufs neue zu entwirren. Wir sind ganz sicher die do-it-yourself-Generation: sogar Gott müssen wir wieder erfinden.

Ich glaube mit Gai Eaton, den ich hier noch einmal erwähnen muß, daß der Mensch der Stellvertreter Gottes unter den lebenden Wesen auf diesem Planeten ist. Damit trägt er eine ehrfurchtgebietende Verantwortung. Aber ich glaube auch, daß sich der Mensch wie viele andere Stellvertreter eines menschlichen Königs über diese Stufe erheben will. Er beginnt zu glauben, daß er selbst der König ist. Er versucht nicht mehr, die Befehle seines Herrn auszuführen, sondern wird zum selbstherrlichen Tyrannen. Wir alle wissen, was mit Vizekönigen geschieht, die versuchen, sich selbst einen Thron aufzustellen –

vorausgesetzt, ihre Herren sind mächtig genug. Sie gehören dem Henker. Schauen Sie nur, was mit Mark Anton passiert ist! Und unser Herr ist sehr mächtig, zweifeln Sie bloß nicht daran!

Ich weiß, daß dieser Abschnitt meines Buches davon handeln sollte, was wir tun müssen, und jetzt lasse ich mich darüber aus, was wir glauben müssen. Aber schließlich besteht keinerlei Hoffnung, daß wir das Richtige tun, wenn wir nicht vorher unsere Köpfe wieder in Ordnung bringen. Wenn wir es nicht fertigbringen, die lebenden Dinge um uns wieder mit Bedeutung auszustatten – mit einer mehr als quantitativen und weltlichen Bedeutung –, werden wir nicht richtig mit ihnen umgehen, ganz gleich, was wir tun. Neben meinem Gartentor wächst eine Lärche. Sie wächst krumm, wird nie gutes Holz abgeben und behindert das Wachstum einer herrlichen Buche. Außerdem versperrt sie mir die Sicht. Sie hat genau dasselbe Recht zu leben wie ich, aber ich werde sie fällen wie viele andere hundert Bäume in meinem Leben (ja, aber ich habe auch Tausende gepflanzt). Doch wenn ich sie fälle, werde ich das liebevoll und respektvoll tun. Man kann etwas, was man liebt und respektiert, nicht abschneiden? O doch. Wenn ich zu alt werde, um noch von Nutzen zu sein, hoffe ich inständig, daß irgend jemand, der mich liebt und respektiert, meinem Leben ein Ende machen wird. Ich werde diesen alten Baum fällen und dabei sagen »tut mir leid, alter Junge«, und ich glaube aufrichtig, daß der Baum – oder sonst etwas – mich hören und mir in seiner Seele vergeben wird. Die Viehzüchter, die in der Hoffnung auf schnelles Geld die zundertrockenen Wälder des Amazonas in der Trockenzeit in Brand stecken, tun das nicht mit Liebe und Respekt. Nichts und niemand wird diesen Menschen vergeben. Ich glaube, daß es irgendeine Hölle geben muß, in der diese Menschen dereinst schmoren werden. Oder soll ich sagen, wie einst ein anderer: »Vergib ihnen, denn sie wissen nicht, was sie tun!« Nun, es ist unsere Aufgabe, ihnen möglichst schnell die Bedeutung dessen, was sie da tun, verdammt klar zu machen.

Wenn ich in meiner Seele kein Gefühl für die Heiligkeit des Lebens hätte – allen Lebens und aller Materie –, würde ich auch nichts für die alte Lärche empfinden. Aber ich empfinde ihre Heiligkeit, eben weil ich weiß, daß sie, wie Carlyle es ausgedrückt hat, ein Teil des lebendigen Mantels Gottes ist! Fragen Sie mich nicht, woher ich das weiß – ich werde Sie auch nicht auffordern, dieses Wissen mit mir zu teilen. Das wäre ohnehin vollkommen sinnlos, weil es sich hier um ein Wissen handelt, das man nicht mit Hilfe des Bewußtseins erwerben kann. Wahrscheinlich habe ich es eines Nachts erworben, als ich besinnungslos besoffen in einer tonga (einem leichten Pferdekarren) unter dem herrlichen indischen Sternenhimmel auf einem Damm über den Indus fuhr und der ebenso stockbesoffene Kerl auf dem Kutschbock (wir hatten sieben Jahre alten Arrak getrunken) irgendein wüstes Lied plärrte, dann plötzlich zu singen aufhörte, sich zu mir umwandte (und das Pferd, das völlig nüchtern war, sich selbst überließ) und seine Arme ausbreitete und schrie: »Es gibt einen Gott!« Wir schrien es zusammen, jeder in seiner Sprache, doch jeder verstand, was der andere meinte.

Es besteht keinerlei Hoffnung, daß wir wieder irgend etwas Schönes schaffen, herrliche Musik komponieren, schöne Gedichte schreiben oder großartige Bauwerke errichten, bevor wir uns nicht wieder bewußt und stolz unseren Stellvertreter-Funktionen zuwenden.

Ich weiß, daß ich unmöglich einen Leser dazu bringen kann, allein aufgrund seines Bewußtseins an irgendeinen Gott zu glauben. Aber ich hoffe sehr, ihn, wenn er von seinem Bewußtsein nur bewußt genug Gebrauch macht, davon zu überzeugen, daß er ein Teil der Natur ist (ist er nicht ein Wirbeltier, ein Säugetier, ein Primat, der von anderen Lebensformen abstammt und deshalb auch mit allen anderen, auch den nicht-menschlichen Lebensformen verwandt ist? Wenn Sie nicht an Gott glauben – daran müssen Sie einfach glauben), daß die Natur ihn für ihre eigenen Zwecke (und nicht allein für seine) hervorgebracht hat und daß er deshalb zusammen mit mir alles versuchen muß – oder zumindest sollte – um das Wenige, was von der nicht-menschlichen Natur auf diesem Planeten noch übrig ist, zu bewahren. Das könnte ich schon aus ganz egoistischen Gründen von ihm verlangen (denn wenn die übrige Natur verschwindet, reißt sie auch den Menschen mit sich), aber das betrachte ich als unwürdig.

Was also können wir tun?

Als erstes sollten wir aus der ›Baghavadgita‹ lernen und nicht deshalb handeln, weil wir glauben Erfolg zu haben, sondern weil wir es für richtig halten. Jetzt könnten Sie sagen: »Es hat keinen Zweck, wenn ich mich weigere, die Produkte der Walfischindustrie zu kaufen, weil ich der einzige von 4,4 Milliarden Menschen bin und meine Zurückhaltung keinerlei Auswirkungen auf das Ergebnis haben kann«, und im mathematischen Sinn haben Sie natürlich völlig recht. Sie müssen davon Abstand nehmen, solche Güter zu kaufen, weil es richtig ist – aus keinem anderen Grund. Einem durch und durch pragmatischen Menschen mag dies dumm und unvernünftig vorkommen. Aber es ist nicht dumm und unvernünftig, weil es die einzige Motivation für das Handeln ist, die auch funktioniert. Wenn wir keine Walfischprodukte kaufen, weil wir glauben, unsere Weigerung hätte auch nur eine geringfügige Auswirkung auf das Problem, haben wir unrecht. So wird es nicht sein. Aber wenn wir Zurückhaltung üben, weil wir wissen, daß es richtig so ist – weil wir wissen, daß der moderne Walfang eine üble Angelegenheit ist und wir dieses Übel billigen, wenn wir uns darauf einlassen –, dann wird unsere Zurückhaltung das Endergebnis beeinflussen. Am Ende wird unsere Mißbilligung des Mißstandes weitere Kreise ziehen und, zusammen mit der Mißbilligung einer Milliarde anderer Menschen, zu dem gewünschten Ergebnis führen.

Die einzige Möglichkeit, das Weiterbestehen oder Nicht-Weiterbestehen des Lebens auf diesem Planeten zu beeinflussen, besteht darin, uns bei jeder Handlung, die wir begehen oder bewußt unterlassen, die Frage zu stellen: »Welche Auswirkungen wird diese Handlung oder ihre Unterlassung auf das übrige Leben auf diesem Planeten haben? Wird es der Lebenskraft gefallen oder mißfallen?« Nach dem Gravitationsgesetz bewegt man unendlich weit entfernte Sterne, wenn man nur den kleinen Finger hebt. Ich wenigstens habe nie von einer Berichtigung dieses Gravitationsgesetzes dahingehend gehört, daß es für die Wirkung der Schwerkraft irgendeine Entfernungsgrenze gäbe – korrigiere mich, wenn ich irre, o großer Mann im weißen Kittel, aber natürlich glaubt der große Mann im weißen Kittel an nichts, was er nicht messen kann. Wenn einer von uns aufgrund der richtigen Motivation (das heißt, weil er weiß, daß es richtig ist) die kleinste Handlung pro Leben ausführt, wirken die Folgen dieser Handlung bis hinaus ins Universum wie die Wellen, die ein ins Wasser fallender Stein verursacht.

Auch diejenigen unter uns, die den besten Willen haben, schließen ständig Kompromisse. Ich fahre ein sowjetisches Auto, das in irgendeiner riesigen Anti-Leben-Fabrik im Ural in Sklavenarbeit aus Stahl, den man der lebendigen Erde aus dem Herzen gerissen hat, hergestellt worden ist und das mit Benzin aus Bohrlöchern läuft, über denen es wahrscheinlich bald einen nuklearen Holocaust geben wird; ich schalte das elektrische

Licht an, obwohl ich weiß, daß ein Teil des Stroms aus umweltvergiftenden und -verschmutzenden Atomkraftwerken kommt (wie ich mich der Anlage von Uranbergwerken in Donegal widersetzen kann, wenn ich unbekümmert Strom aus Atomkraftwerken verbrauche, ist nur zu leicht verständlich – ich bin ein Heuchler). Wahrscheinlich tun Sie alle dasselbe. Wenn Sie in eines dieser schrecklichen Dinger gehen, in denen man amerikanische Hamburger bekommt, tragen Sie fast sicher dazu bei, die südamerikanischen Dschungel-Brenner zu finanzieren. Ihr Hamburger sollte nach Napalm und dem Blut niedergemetzelter Indianerstämme schmecken. Jeder von uns schließt Kompromisse und immer wieder Kompromisse, und es scheint fast unmöglich, dies zu umgehen. Ich sage: »Mit meinem sowjetischen Auto komme ich schnell und billig herum und versuche die Leute davon zu überzeugen, nichts zu tun, was anti-Leben ist.« Aber wenn ich auf jenes andere Gebot aus derselben alten ›Bhagavadgita‹ hören würde, das besagt: »Der Zweck heiligt nie die Mittel«, würde ich das nicht tun. Ich kann nur sagen: »Tun Sie nicht, was ich tue – tun Sie, was ich sage!« Und wahrhaftig, was kann wirkungsloser sein als das?

Es ist behauptet worden, unsere Generation dürfe nicht so kritisch beurteilt werden wie die Menschen früherer Generationen. Unsere Probleme seien zu verwickelt, zu undurchsichtig und zu kompliziert. Ich interpretiere das so, daß wir uns selbst nicht so unbarmherzig beurteilen sollten, wie die Menschen in früheren, einfacheren Zeiten das getan haben. Wir haben uns langsam und fast unmerklich immer weiter in die Sache verstricken lassen: in die große, weltweite Verschwörung mit dem Ziel, die Mutter Natur zu unserem eigenen, eingebildeten Vorteil zu betrügen und zu zerstören. Wir sind wie Junkys – völlig abhängig. Wir versuchen, unsere Gewohnheiten plötzlich zu ändern, und stellen fest, daß der Bruch zu gewaltsam ist. Also schließen wir Kompromisse über Kompromisse.

Vielleicht müssen wir kompromißbereit sein, wenn wir überhaupt irgend etwas erreichen wollen.

Jede einzelne Entscheidung, die wir treffen müssen, ist schwierig – sehr schwierig. Nichts ist einfach. Und wenn man anfängt, die Richtigkeit von Handlungen daran zu messen, ob sie der Lebenskraft »gefallen« oder »mißfallen«, ist es noch immer schwierig.

Krieg ist schlecht? Als die Israeli das irakische Kernkraftwerk bombardierten, haben sie damit vielleicht die Welt gerettet. Das beste, was jetzt passieren könnte, wäre, daß die Iraker sich revanchieren und die Kernkraftwerke der anderen bombardieren.

Kindersterblichkeit ist schlecht? Es gibt nichts, was einem mehr zu Herzen ginge als eine Mutter, die ihr totes Kind beweint. Aber glauben Sie, daß der zusammengeschrumpfte Rest der wilden Tiere in Afrika trauert, wenn er ein totes Menschenkind sieht? Ebensowenig würde ein afrikanischer Farmer beim Anblick einer toten Heuschrecke jammern. Worüber er traurig ist, sind die lebendigen Heuschrecken.

Der Tod ist schlecht? Sollen wir ihn also aufhalten? Wenn die Männer im weißen Kittel könnten, würden sie uns alle mit physischer Unsterblichkeit ausstatten. Aber würde das der Lebenskraft wirklich gefallen? Würde sie sich freuen, wenn man das »Leben« in einem quasi-Leichnam noch aufrechterhält, nachdem es längst hätte sterben sollen? Ist es gut oder nicht, wenn ich ein Stück unbebautes Land hinter meinem Haus in einen Garten verwandle? Ödland wird auf diesem Planeten sehr rar, und welches Recht habe ich eigentlich, ein Stück Natur, das von Lebewesen wimmelt, als öd zu bezeichnen? Und doch – was könnte der Lebenskraft besser gefallen, als ein ausgewogener Garten, der vor Fruchtbarkeit nur so strotzt und unter Umständen sogar mehr Arten von Lebewesen ernährt als in seinem ursprünglichen, wilden Zustand? Und der darüber hinaus auch mich ernährt. Wie soll ich diese Frage beantworten?

Zum Glück muß ich sie nicht allein beantworten.

Wenn sich mein Kopf mit solchen Problemen herumschlägt, habe ich manchmal das Gefühl, wirklich in einer Zwickmühle zu stecken. Aber wenn ich mein ganzes Sein daran beteilige und zulasse, daß die Ganzheit der Naturwelt, von der ich ein Teil bin, durch mein Sein und mein Gehirn spricht, dann gelange ich zu Antworten; und ich glaube, daß es in vielen Fällen die richtigen sind.

## Kapitel 14
## Was also sollen wir tun?

> Das Werk zu tun sei dein Beruf,
> Nicht kümmre dich's, ob es gelang,
> Begehre nie der Taten Frucht,
> Doch fröne nicht dem Müßiggang.
> Erhaben über alles Tun
> Für immer die Erkenntnis bleibt.
> In der Erkenntnis suche Schutz;
> Verächtlich ist, wen Lohnsucht treibt.
>
> Bhagavadgita 2. 47, 49

Ich schlage vor, jetzt ohne viel Federlesens verschiedene Aspekte unter folgendem Gesichtspunkt zu untersuchen: Welches ist der beste Weg für die gesamte Natur – uns eingeschlossen?

Es liegt auf der Hand, daß wir mit dem Ackerbau anfangen müssen, denn dieser stellt, zumindest seit der Neusteinzeit, die Grundlage für unsere Existenz dar und wird es wahrscheinlich weiterhin bleiben, wenn wir überhaupt überleben sollen.

Selbst Agrar-»Experten« können jetzt sehen (wie Leute wie ich bereits vor vierzig Jahren), daß sich das gegenwärtige Bewirtschaftungssystem der westlichen Welt auf die Dauer nicht aufrechterhalten läßt. Es hängt völlig von aus Öl gewonnenen Faktoren ab. Nach dem großen Aufschwung der Landwirtschaft seit dem Zweiten Weltkrieg haben wir jetzt eine landwirtschaftliche Depression, die es einer vollkommen auf hochentwickelte Maschinen und Unmengen chemischer Zusätze eingestellten Industrie sehr schwer macht, weiterhin zu existieren. So gut wie alle Entscheidungen, die die Bauern während der vergangenen vierzig Jahre getroffen haben, wurden in erster Linie von den Kosten für die Arbeitskräfte bestimmt. Die hohen Arbeitslöhne haben die Zusammenlegung von Farmen bis zur doppelten Größe oder noch mehr erzwungen, haben zu weitgehender Mechanisierung, hohen Bankschulden, der Einführung monokultureller Bebauung und der Trennung von Vieh und Land (mit dem Ergebnis absoluter Abhängigkeit von chemischem Dünger) geführt. Doch damit beißt sich die Katze in den Schwanz, da man nämlich mit stärkeren und immer stärkeren Giften immer mehr und resistenter werdendes Unkraut und Krankheiten zu bekämpfen versucht.

Selbst wenn das Öl nicht eines Tages ausgehen würde, ließe

sich das nicht aufrechterhalten. Es hat den Anschein, als sei es der Ackerbauwirtschaft gelungen, mit brutaler Gewalt die Naturgesetze zu durchbrechen. Ungeheure Maschinenkraft und die massive Anwendung immer raffinierterer Gifte haben es dem Menschen ermöglicht, zu wirtschaften – und reich zu werden –, ohne die Gesetze guter und gesunder Landwirtschaft noch im geringsten zu beachten. Die Gesetze guter Landwirtschaft sind:

1. Du mußt mit der Natur arbeiten und nicht gegen sie.
2. Die Natur ist vielfältig, und darum mußt auch du vielfältig verfahren.
3. Tier- und Pflanzenreich greifen komplementär ineinander, und deshalb darfst du keines von beiden vernachlässigen.
4. Du mußt dich bemühen, die organische Substanz deines Bodens zu vermehren.
5. Übermäßiger Schaden durch Unkraut und Krankheiten ist ein Zeichen schlechter Landwirtschaft.
6. Du darfst nicht töten um des Tötens willen.

Ich weiß nicht, ob diese Gesetze schon einmal formuliert worden sind, aber diese Regeln hat mir jener gute alte Farmer, Mr. Catt of Feering aus Essex, eingeschärft, als er mir vor zweiundfünfzig Jahren das Farmen beibrachte.

Von den heutigen Ackerbauunternehmern werden alle diese Gesetze ständig gebrochen. Es ist leicht, sie deshalb zu verurteilen – aber sie können nicht anders! Die Arbeitslöhne hindern sie daran, mehr als die unbedingt erforderlichen Leute einzustellen, der Preis für Kredite und Land zwingt sie zur ständigen Vergrößerung ihrer Unternehmen, weil Arbeitskräfte fehlen, müssen sie sich auf Monokultur einstellen und Maschinen und Chemikalien einsetzen; und eine Regierung nach der anderen steht daneben und schreit Hurra! Weniger Leute auf den Feldern bedeuten mehr in den Fabriken – und aus den Fabriken kommt das Geld!

Und währenddessen steht der nicht-farmende Verbraucher da und sieht zu, wie sich sein Land in eine potentielle Wüste verwandelt, wie sein Essen immer schlechter und eintöniger wird, und es wird ihm immer deutlicher bewußt, daß er sehr schnell verhungern würde, wenn die Araber sich dazu entschließen sollten, den Ölhahn zuzudrehen.

Vom Standpunkt der nicht-menschlichen Natur ist es zu diesem Ergebnis aufgrund ständig zunehmender Verschlechterung und Verarmung gekommen. Wenn Sie das nicht glauben, sehen Sie sich John Constables Gemälde ›Das Kornfeld‹ an (das mit dem Jungen, der auf dem Bauch liegt und aus dem Fluß trinkt; 1826 gemalt) und gehen Sie dann in das Stour-Tal und versuchen Sie, die Stelle, an der der Künstler saß, wiederzufinden. Ich habe es getan. Den Fluß, aus dem der Junge trank, hat man durch Röhren geleitet, so daß sämtliche Lebewesen, die es früher in ihm gab, nicht mehr existieren. Die großen Bäume, die zur Linken des Jungen standen, hat man gefällt und ihre Stümpfe mit Bulldozern herausgerissen. Übriggeblieben ist nur noch ein großes, flaches Gerstenfeld, aber selbst das konnte man vor lauter Überlandkabeln und -drähten kaum noch sehen. Das Feld wird regelmäßig mit Giften besprüht, die mit Ausnahme der Gerste alles, was dort lebt, vernichten sollen. Was hätte Constable wohl davon gehalten? Was hätte er malen können?

Kein Zweifel – auf dem Land, das ich sah, wuchs mehr Getreide pro Morgen als damals, als Constable ›Das Kornfeld‹ malte. Aber es besteht auch kein Zweifel daran, daß die Gerste, die ich gesehen habe, das Produkt der Ölindustrie und nicht des Bodens ist. Das Getreide, das Constable malte, wuchs ohne jeglichen künstlichen Dünger und ohne ein einziges Vertilgungsmittel. Es war ganz und gar das Produkt des Bodens.

Was den ästhetischen Unterschied zwischen der Ansicht betrifft, die Constable malte, und der, die ich sah, so ist es witzlos, überhaupt darüber zu reden: »Wer Augen hat zu sehen, der sehe.«

Ich habe einen Freund, der zusammen mit seinem Bruder zwölfhundert Morgen in Sussex bewirtschaftet. Diese beiden tun ihr Bestes und haben die Regeln guter Landwirtschaft keineswegs vergessen. Sie melken zwei große Herden Ayrshire-Rinder, haben eine riesige Herde Zuchtschweine (die sie im Stall unter Bedingungen halten, die mir ganz sicher nicht gefallen würden – noch, glaube ich, gefallen sie den Schweinen), halten Schafe oben in den Downs, um ihr Land nicht allen Tierdüngers zu berauben. Freilich bräuchten sie davon sehr viel mehr, als sie haben: Zwölfhundert Morgen sind ein riesiges Stück Land. Sie beschäftigen ein Dutzend Leute, ein Zehntel dessen, womit die Farm zur Zeit ihrer Großväter bewirtschaftet wurde. Die Leute werden gut bezahlt, bekommen gut zu essen und sind gut untergebracht. Einer von ihnen hat sich bei mir beklagt, das einzige, was ihn an dieser Arbeit störe, sei die schreckliche Einsamkeit, aber das ist eine Klage, die man heutzutage von allen Landarbeitern hört. Diese Farmer besitzen einen Film, den ihre Vorfahren in den zwanziger Jahren über die Arbeit auf der Farm gedreht haben, und als die jetzigen Farmarbeiter diesen Film sahen, sagte einer von ihnen: »Wie schön muß es gewesen sein, immer in Gesellschaft zu arbeiten – diese Menschen waren nie einsam!«

Aber die Einsamkeit der Landarbeiter hat einzig und allein mit dem Menschen zu tun – nicht mit der gesamten Natur. Mit der Natur hängt sie nur insofern zusammen, als der Mensch ein Teil von ihr ist. Mich stören in erster Linie die Auswirkungen dieser Art Bewirtschaftung auf die nicht-menschliche Natur. Ich betone nochmals, daß diese zwei Brüder aufgeklärte Männer sind und ihr Land so gut wie möglich zu bewirtschaften versuchen.

Aber um ein Dutzend Leute bezahlen zu können, sind sie gezwungen, eine Menge Geld zu verdienen. Um gute Leute zu bekommen, zahlen sie mehr als der Durchschnitt, und zusammen mit Versicherung, freiwilligen Sozialleistungen und allem Drum und Dran kommen sie gut und gern auf hundert Pfund pro Mann und Woche. Das macht eintausendzweihundert Pfund pro Woche! Es gibt nur einen einzigen Weg, diese Geldmengen aufzutreiben, und der besteht darin, auf ihren zwölfhundert Morgen möglichst viel anzubauen. Dies mit organischen Methoden zu tun, würde die Beschäftigung von ungleich mehr Leuten bedeuten! Und dann würde der Lohnposten noch höher sein und sie müßten noch mehr anbauen. Somit können sie gar nicht auf organischen Ackerbau umstellen, obwohl sie das gerne tun würden. Sie müssen drei Tonnen Weizen aus jedem Morgen herausholen, und das schaffen sie nur, indem sie das Land mit Chemikalien tränken. Zumindest einer der Brüder hat tief im Inneren das Gefühl, daß es so nicht ewig weitergehen kann. Er weiß jedoch auch, daß ohne Chemie auf seinem Boden so gut wie nichts wachsen könnte. Er fragte mich einmal, was ich an seiner Stelle tun würde, und ich antwortete: »Teile das Land auf und verteile es an hundert Leute, die es intensiv und organisch bewirtschaften könnten.« Er antwortete – und damit hatte er völlig recht –, daß in diesem Fall die Baugesetze den Leuten nicht gestatten würden, Häuser zu bauen.

Freilich wird dieses Problem sich selbst lösen, wenn das Öl zu Ende geht. Doch hat es mich traurig gestimmt, daß ich keinen Vorschlag anzubieten hatte, wie man jetzt verfahren könnte –

denn sicher ist es besser, wenn der Mensch den richtigen Weg einschlägt, weil er weiß, daß er richtig ist, und nicht wartet, bis er durch äußere Einwirkungen dazu gezwungen wird.

Zugunsten der Verteidiger der großangelegten Landwirtschaft wird man ins Feld führen, daß man mit ausschließlich organischen Methoden keine drei Tonnen Weizen pro Morgen produzieren kann. Es stimmt, daß man in Kalifornien und anderswo an der Erforschung organischer Techniken arbeitet, die es erlauben, eine erstaunliche Menge Nahrungsmittel auf einem kleinen Stück Land anzubauen, aber dabei handelt es sich um Garten- und nicht Farmtechniken, mit Hilfe derer man sehr leicht Weizen anbauen kann, allerdings freilich mit einer Unmenge Arbeit. Aber ich bin durchaus bereit zuzugestehen, daß man mit einem normalen landwirtschaftlichen Verfahren und nur mit organischen Mitteln nie drei Tonnen Weizen pro Morgen erzielen kann. Mit anorganischen Methoden, zu denen die Verwendung einer Unzahl giftiger Sprühmittel gehört, ist das sehr wohl möglich.

Also gut, sagt der Verteidiger des Ackerbaugeschäfts, bei der gegenwärtigen Bevölkerung des Planeten würden die Menschen verhungern, wenn wir der großangelegten Landwirtschaft den Rücken kehrten.

Um dieser Behauptung vom Standpunkt der Natur-als-Ganzes entgegenzutreten, muß man sagen, daß es eben zu viele Menschen gibt. Es ist nicht richtig, daß sich irgendeine Spezies so sehr vermehrt, daß dadurch offensichtlich das Gleichgewicht gestört wird. Als die Kaninchen aus dem Gleichgewicht gerieten, bevor sie der Myxomatose zum Opfer fielen, waren sie für ihre ganze Umgebung eine verdammte Plage. Sie verhinderten die natürliche Regeneration der Wälder und verursachten eine äußerst bedenkliche Verschlechterung von Weideland. Kaninchenüberschwemmtes Land war vergiftetes Land und sah auch so aus. Aber warum gerieten sie aus dem Gleichgewicht? Weil der überhebliche Mensch fast alle Tiere, denen sie als Beute dienten, jagte und vernichtete. Die einzige Maßnahme, die der Mensch in großem Stil zur Eindämmung der Kaninchenflut einsetzte, waren Fallen. Aber die Fallen vermehrten die Zahl der Kaninchen nur noch. Warum? Weil sie so angebracht waren, daß sie alle Kaninchenjäger unschädlich machten. Füchse, Wiesel und Hermeline, die sich natürlich von den Kaninchenbauen herumtrieben oder in sie einzudringen versuchten, gingen in diese Fallen und wurden auf diese Weise praktisch ausgelöscht.

Die Wild haltenden Gutsbesitzer mit ihren Wildhegern taten das übrige. So konnte durch den Einsatz künstlicher Mittel eine Spezies überhand nehmen. Die Myxomatose war eine grausame und abscheuliche Angelegenheit, aber sie stellte das Gleichgewicht wieder her: Jetzt kann ich wieder einen Baum pflanzen, ohne ihn mit einem Kaninchengitter zu umgeben, und hoffen, daß er auch gedeiht.

Es fällt schwer, keine Parallele zwischen Kaninchen und Mensch zu ziehen.

Wenn das Land auf diesem Planeten mit Giften dazu getrieben werden muß, genug Nahrung für die Menschen zu produzieren, dann gibt es eben zu viele Menschen.

Es ist mir klar, daß das, was ich hier gerade geschrieben habe, mich in den Augen jedes rechts- oder linksdenkenden Liberalen, Humanisten, Humanitariers, Christen, Heiden und aller anderen völlig verdammen wird. Aber vergessen Sie nicht, daß ich die Frage von einem völlig neuen Standpunkt aus betrachte: nicht vom Standpunkt des Menschen, sondern vom Standpunkt allen Lebens auf diesem Planeten (oder im Universum).

Und – so paradox es klingt – die Gesundheit jeder einzelnen Spezies scheint mit der Gesundheit aller verknüpft zu sein. Der Mensch kann sich nicht von der übrigen Natur absondern und annehmen, daß er sich auf Kosten aller anderen Lebewesen unendlich fortpflanzen kann. Das wird schlicht und einfach nicht funktionieren.

Nehmen Sie als Beispiel Indien. Es gibt einfach viel, viel zu viele Inder. Aber das ist keinesfalls ein Zeichen dafür, daß die Spezies Mensch in Indien erfolgreich ist – im Gegenteil. Wenn der indische Mensch nicht aufpaßt, dann wird er bald abtreten müssen. Denn der Boden Indiens wird auf brutale Weise ausgewaschen und die fruchtbare Schicht des gesamten Landes abgetragen. Seine Wälder werden abgeholzt und nicht wieder aufgeforstet. Der unbarmherzige Druck der stetig wachsenden Bevölkerung gefährdet den Weiterbestand des Lebens überhaupt auf dem Subkontinent. Die Übervölkerung hat zwei Gründe: die Verbesserung der gesundheitlichen Versorgung und die Versorgung mit Lebensmitteln aus dem Ausland. Beides sind Feinde der wahren Interessen allen Lebens in Indien – des menschlichen Lebens eingeschlossen.

Der soziale Druck, viele Kinder zu gebären, entstand in Indien zu einer Zeit, als die Kindersterblichkeit sehr hoch war. Jetzt, nachdem die Kindersterblichkeit in Indien drastisch reduziert wurde, existiert dieser gesellschaftliche Druck noch immer und die Inder setzen noch immer so viele Kinder in die Welt, wie sie können. Die aufgrund dessen ständig anwachsende Bevölkerung kann nur durch zweierlei am Leben erhalten werden: Steigerung der Nahrungsmittelproduktion in Indien und Lebensmittelimporte aus dem Ausland. Keines von beiden läßt sich auf die Dauer aufrechterhalten; und was wird geschehen, wenn dieser Punkt erreicht ist? Ich war 1943 während der bengalischen Hungersnot in Kalkutta und weiß es.

Indien ist nur ein extremes Beispiel für das, was überall auf der Welt geschieht. Der Homo exstinctor übt immer mehr Druck auf alle anderen Lebensformen aus. Möglicherweise stellen sich einige Männer im weißen Kittel eine Welt ohne nichtmenschliches Leben vor, oder zumindest mit sehr wenig, das streng kontrolliert wird von – raten Sie mal? Man kann sich leicht ein Szenarium denken, in dem alle bewohnbaren Teile der Erde von Menschen besetzte Trabantenstädte sind – ein Zwischending zwischen Wimbledon und Palo Alto –, in denen ein paar Exemplare derjenigen Tier- und Pflanzenspezies, die aus dem derzeitigen Holocaust gerettet werden können (derzeit sterben jedes Jahr Hunderte von Spezies aus), in Tiergärten oder Wildparks gehalten werden; in dem Energie und Wärme für die ständig steigenden Bedürfnisse der Menschheit von Zehntausenden von Atomkraftwerken zur Verfügung gestellt werden (alle natürlich bemannt mit unfehlbaren Männern in weißen Kitteln), in dem Wasserkulturen auf immer kleiner werdenden Fleckchen nicht zugebauten Landes die Nahrungsmittel liefern, die menschliche Bevölkerung tausend Milliarden beträgt und exponentiell ansteigt – und in dem alles einfach herrlich ist. Es ist nicht ganz so, wie wir uns den Garten Eden vorstellen, aber immerhin vorstellbar.

Natürlich ist das Zeitalter, in dem wir leben, ein quantitativ orientiertes. Quantität – Zahlen – bedeuten alles. Der Mann im weißen Kittel kann mit keinem anderen Faktor umgehen. Quantitative Wissenschaft kann alles über jedes herausfinden, mit Ausnahme dessen, was es wirklich ist. Als die ›Bhagavadgita‹ niedergeschrieben wurde, gab es wahrscheinlich weniger als eine Million Menschen in ganz Indien. Jetzt sind es sehr viel mehr. Hat sich die Lebensqualität dadurch verbessert? Oder ist es besser, fünfhundert Millionen unglückliche Menschen zu haben als eine Million glückliche? Nein – nur einen glücklichen?

Es ist mir klar, daß ich mich hier auf sehr dünnem Eis bewege und daß viele Menschen schon nach ihren Pferdepeitschen greifen. Was – dieser Mensch schlägt doch tatsächlich vor, daß wir Menschen umbringen oder Babys sterben lassen sollten, nur damit er genug Platz hat? Aber nein, so ist es doch gar nicht. Ich versuche doch nur, mich in die Lage der nicht-menschlichen Natur zu versetzen und eine Frage von ihrem Standpunkt aus zu betrachten. Wenn ich als Mensch denke, würde ich sofort mein eigenes Leben hingeben, um ein Baby vor dem Tod zu bewahren. Aber in der vorhergehenden Argumentation denke ich nicht als Mensch, sondern als Vertreter der gesamten Natur, weil ich die Hypothese akzeptiert habe, daß der Mensch ein Teil der Natur ist und nicht von ihr losgelöst existiert. Und wenn ich auf einem Richterstuhl sitzen und über irgendeine Gattung, die außer Kontrolle geraten ist und das Gleichgewicht der Natur zum Nachteil aller anderen lebenden Wesen stört und durcheinanderbringt, das Urteil sprechen muß, dann muß ich ein unparteiischer Richter sein und meine eigene Spezies verurteilen, wenn ich sie für schuldig befinde. Zum Glück bin ich kein Richter und weiß, daß es, wie ich im vorhergehenden Kapitel erklärt habe, einen Richter gibt, der in solchen Dingen entscheidet. Nennen Sie ihn Mutter Erde, wenn Sie wollen, und ich werde zufrieden sein. Oder nennen Sie ihn den Einen.

Ich muß also kein Urteil sprechen. Aber das Urteil wird fallen. Vielleicht entgehen die Männer im weißen Kittel durch Begnadigung der Hinrichtung, aber abgesehen davon werden sie umsonst an den Gerichtshof appellieren. Der folgende Abschnitt stammt aus einer Veröffentlichung des Environment Liaison Center (Zentrum für Umwelt-Zusammenarbeit) in Nairobi. Die genannten Zahlen sind einem UNEP-Bericht (The United Nations Environment Programme) entnommen.

»Im Laufe des letzten Jahrzehnts hat sich der Boden auf der Erde erheblich verschlechtert; schätzungsweise bis zu siebzigtausend Quadratkilometer können nicht mehr bebaut werden, hauptsächlich aufgrund von Bodenerosion, Salzhaltigkeit und Auslaugung der Nährstoffe. Der Mißbrauch von Chemikalien in der Landwirtschaft komplizierte die Bemühungen, die Nahrungsmittelproduktion zu steigern und die Landarbeiter vor Ansteckung zu bewahren.«

Einige der weniger kurzsichtigen Männer im weißen Kittel erkennen, daß unsere gegenwärtigen Anbaumethoden die Böden der Erde zur Zerstörung verdammen, glauben aber, das mache nichts aus, weil wir dazu übergehen können, Nahrungsmittel mit Hilfe von Wasserkulturen zu produzieren. Das sind Kulturen ohne Erdreich: Die Pflanzen werden von Gittern gehalten und durch nährstoffhaltiges Wasser mit allen Nährstoffen versorgt, die sie brauchen. Nur Menschen mit Scheuklappen können glauben, daß sich auf diese Weise die auf der Welt lebende Bevölkerung auch nur annähernd ernähren läßt. Zunächst einmal hängen alle diese Pflanzen von gebundenem Stickstoff ab – Stickstoff in fester chemischer Verbindung mit Sauerstoff. Das ist ein sehr unstabiles Zeug, denn der Stickstoff versucht ständig, wieder frei zu kommen, doch in diesem Zustand nützt er den Pflanzen überhaupt nichts. Nun hat das Leben gelernt, Stickstoff auf unterschiedlichste Weise zu binden. Jedes Gramm guten Bodens wimmelt nur so von stickstoffbindenden Bakterien. Doch der Mensch-ohne-die-übrige-Natur kann Stickstoff nur mit einem ungeheuren Energieaufwand binden (er tut das, indem er einen elektrischen Funken erzeugt). Wenn wir die gesamte bakterielle Bindung von Stickstoff eliminieren (und genau das geschieht, wenn wir unseren Boden verlieren), wird der Bedarf an künstlich gebundenem Stickstoff ungeheuer ansteigen und wir würden dafür sehr viel mehr Energie brauchen, als dieser kleine Planet je liefern könnte.

Trotz aller Bemühungen der Männer im weißen Kittel greift der Hunger auf diesem Planeten schneller um sich als je zuvor.

Vom Standpunkt der nicht-menschlichen Natur freilich greift er nicht schnell genug um sich. Er breitet sich nicht schnell genug aus, um die Sahelzone – das Weideland um die Sahara – davor zu bewahren, zu Wüste zu werden. Er breitet sich nicht schnell genug aus, um die üppigste Biomasse auf Erden vor den Feuern menschlicher Habgier zu retten: die Regenwälder von Zentral- und Südamerika, von Sri Lanka und Indonesien. Er breitet sich nicht schnell genug aus, um die Schwemmlandebenen Indiens vor galoppierender Erosion und Versalzung zu retten. (Ich habe Meilen und Meilen ehemals fruchtbaren Landes im Industal gesehen, das vor Salz weiß wie Schnee war und nicht mehr bebaut werden konnte: das Ergebnis schlecht geplanter, gigantischer Bewässerungssysteme. Und diese Geschichte kann sich überall dort wiederholen, wo auf großer Basis mit Bewässerungssystemen gearbeitet wird.) Sie breitet sich nicht schnell genug aus, um das Leben in den Ozeanen zu retten.

Die halbe Welt ist inzwischen abhängig von nordamerikanischem Weizen und Mais. Wenn der ausbleibt, was passiert dann? Als ich, wie bereits erwähnt, vor ein paar Jahren von Heathrow nach Kalifornien flog, blickte ich auf das Schachbrett der großen nordamerikanischen Prärien hinab. Überall war der Krebs der Bodenerosion deutlich zu sehen. Das Muster der Bodenerosion war das einzige, das die Monotonie der kilometergroßen Quadrate unterbrach, aus denen Nordamerika inzwischen besteht.

Es hat nichts mit romantischen Gefühlen, Aufschneiderei oder Übertreibung zu tun, wenn ich sage, daß ich sterben würde, um irgendein Kind auf der Welt zu retten. Alles Leben ist heilig, und das gilt besonders für junges Leben, weil es noch mehr Zeit vor sich hat. Ich würde mein Leben eintauschen, um das Leben irgendeines anderen, der jünger ist als ich, zu retten. Allerdings würde ich keinen Finger rühren, um einen alten Menschen vor einem natürlichen Tod zu bewahren. Aber ich glaube immer noch, daß es zu viele Menschen auf diesem Planeten gibt – mehr, als gut für die Menschheit selbst oder irgendeine andere Lebensform ist. Wenn die Hindus damit recht haben, daß jeder von uns eine Seele besitzt, die seit Beginn aller Zeit existiert, und daß jede Seele, die ohne Körper ist, in irgendeiner Vorhölle wartet, um wiedergeboren zu werden – dann glaube ich, daß wir es viel zu eilig haben, einen hohen Durchlauf von Seelen zu erreichen. Laßt sie doch ein paar Jahrhunderte länger warten. Wie mein alter Freund Satish Kumar sagte: »Als Gott sie geschaffen hat, machte er genug davon.«

Wie also sollen wir die Anzahl der Menschen reduzieren? Nun ist das glücklicherweise nicht unsere Aufgabe. Es gibt einige Dinge, die wir höheren Mächten überlassen können. Aber wir könnten, wie es die Inder versuchen und die Chinesen bereits mit Erfolg handhaben, weniger Kinder in die Welt setzen.

Wahrscheinlich werde ich nie vergessen, was ich während der bengalischen Hungersnot 1943 gesehen habe. Ich hatte Urlaub von der Armee in Burma (wo ich mich durchaus an den Anblick von Leichen gewöhnt hatte – sogar daran, selbst zu töten) und quartierte mich im United Services Club (U. S. C.) an der Chowringee ein. Die Chowringee ist eine Prachtstraße – etwa wie Regent's Street oder Piccadilly. Der U. S. C. war ein guter, altmodischer Club mit großen Räumen, elektrischen Ventilatoren, höflichen Dienern, sehr gutem und reichlichem Essen.

Die Diener schleiften die Toten und Sterbenden vom Eingang des Clubs fort. Auf dem Bürgersteig stieg man über sie hinweg. Von der Gemeinde eingesetzte Ochsenkarren holperten die

Straße entlang und sammelten die Toten auf. Es gab keinen Gestank. Ich drückte einem lebendigen Skelett von Mann eine Rupie in die Hand. Seine Frau lag tot neben ihm, aber das Baby, das sich an den Leichnam klammerte, war noch am Leben. Der Mann blickte auf die Rupie und ließ sie aufs Pflaster fallen. Seine Augen dankten mir nicht einmal. Was half ihm schon eine Rupie?

Ich möchte nicht noch eine Hungersnot miterleben. Ich möchte nicht, daß es noch einmal eine Hungersnot gibt. An der Hungersnot damals war keine Mißernte schuld: Schuld waren die Machenschaften von Geschäftsleuten, denen es gelungen war, eine künstliche Reisknappheit zu erzeugen. Sie kauften die ganze Ernte auf, speicherten sie in godowns, wie die Lagerhäuser in Indien heißen, ließen sie von Gurkhas bewachen, saßen fröhlich darauf und warteten, daß der Preis stieg. Sie haben zu lange gewartet. Der gute alte Engländer Cobbett meinte dazu folgendes:

»Das Getreide liegt in den Händen der Getreidehändler; aber eigentlich sollte es in den Händen der Bauern liegen ... Nichts ist ein so sicheres Zeichen für nationale Armut wie das Fehlen von Vieh auf dem Hof eines Bauerns. Die Getreidespeicher sind des Bauern Geldschrank, des Gutsherrn Sicherheit und der Nation Wohlstandszeichen.«

Diese verhungernden Millionen waren Bauern gewesen. Die ganze Geschichte der Menschheit seit der Neusteinzeit ist eine Geschichte der Ausbeutung der Bauern durch die Städter. Hier in Bengalen haben, wie oft zuvor, die Städter ihre Ausplünderung etwas zu weit getrieben.

Der Boden Indiens könnte die derzeitige Bevölkerung – und sich selbst – wahrscheinlich erhalten, wenn die Menschen aufs Land zurückkehrten. Sie müßten ihre Bedenken überwinden, Vieh zu schlachten, denn halb verhungertes Vieh überflutet das Land wie eine Pest. Sie müßten ihre Bedenken überwinden, Affen zu töten. Affen fressen die Felder ab, während Menschenkinder verhungern. Einverstanden – Affen haben dasselbe Recht zu leben wie Kinder, aber es ist genauso schlecht, wenn es zu viele Affen gibt, wie wenn es zu viele Kinder gibt. Das Gleichgewicht der Natur soll mit diesem Problem fertigwerden? Aber die Leoparden und Tiger sind ausgerottet worden, und der Mensch, der hier als Stellvertreter und Bauer handeln sollte, zieht seine Hand zurück. Sie müßten aufhören, Viehdung zu verbrennen: eine Sünde gegen den Heiligen Geist.

Dung zu verbrennen heißt, Fruchtbarkeit zu verbrennen und unsere Mutter Erde auszuhungern. Sie müßten die Wälder wieder aufforsten. Sie müßten die gierigen Gutsherren und die Geldverleiher aus dem Weg räumen. Und sie müßten aufs neue die traditionelle Landwirtschaft ihrer Vorfahren erlernen.

Und dann müßten sie ihre Neigung, sich übermäßig fortzupflanzen, im Zaum halten. Aber wahrscheinlich wird nichts von alledem passieren. Amerikanische Hilfe wird noch ein paar Jahre lang – vielleicht ein Jahrzehnt – das Schlimmste verhindern, aber dann wird der Augenblick der Wahrheit kommen. Und wenn ich davon erfahre, werde ich mich an die Verzweiflung in den Augen jenes Vaters erinnern, dem ich die Rupie gab und der sie auf das Pflaster fallen ließ. Jetzt mag es in Indien noch Nahrung geben, in zehn Jahren ganz bestimmt nicht mehr.

Wir haben uns vielleicht etwas weit vom Ackerbau entfernt, von dem wir ausgegangen sind, aber es liegt im Wesen des organischen Denkens, daß sich das Wissen nicht auf gedankendichte Schubladen aufteilen läßt. Das Schauspiel der modernen sogenannten »Wissenschaftler«, von denen jeder in seiner kleinen, isolierten Schachtel sitzt, wägt und mißt und alberne und oft gefährliche Zaubertricks ausprobiert, ist erbärmlich. Wahre Wissenschaft kennt keine Scheuklappen und bezieht alles mit ein.

In diesem Augenblick vollziehe ich einen Übergang, den, so glaube ich, die ganze Menschheit machen muß. Siebzehn Jahre lang hatte ich eine Farm und war ein Bauer. Jetzt übergebe ich die Farm an meine Kinder und werde, was der erste Mensch war: ein Gärtner. Oder vielleicht ist ein besseres Wort für das, was ich werden möchte, das Wort Landwirt. Der Beruf des Landwirts ist, wie ich glaube, der bei weitem ehrenhafteste auf Erden – vielleicht sogar der einzig ehrenhafte. Ich bin auf der ganzen Welt durch Gebiete gereist, die von echten Landwirten bestellt wurden, und überall war ich von der unglaublichen Schönheit der Landschaft überwältigt. Einmal bin ich zusammen mit einem Freund zu Fuß über das Elburs-Gebirge im Iran gegangen und habe einige Tage in einem Tal verbracht, in dem echte Landwirte wohnten. Ich werde nie die üppige Fruchtbarkeit dieses Tales vergessen. Die großen, weit ausladenden Maulbeerbäume waren schwer mit Früchten behangen, kleine, unregelmäßige Weizen- und Gerstefelder boten einen herrlichen Anblick zwischen hervorstehenden Felsen und Gruppen von Eichen und anderen Harthölzern, in den Bächen gab es Forellen und auf den Bergen Wild. Ich sah dort keinen hungrigen oder krank aussehenden Menschen, und nie werde ich die strotzende Gesundheit und Schönheit der Kinder in diesem Tal und das Glitzern von Lebensfreude und Liebe in ihren Augen vergessen. Man kann mich wohl kaum tadeln, wenn ich all das mit Krankheit, Hunger, Armut und Elend auf der einen Seite und dem riesigen und unangemessenen Überfluß, der Habgier und Überheblichkeit auf der anderen vergleiche, die man in Teheran, der großen Stadt drunten in der Ebene, antrifft. Aber das Tal, von dem ich rede, war nicht Eigentum irgendeines Gutsbesitzers. Es gehörte den Bauern, die dort lebten.

Und sooft ich in ein Land kam, das von traditionellen Bauern bewirtschaftet wurde, die die Landwirtschaft in erster Linie zu ihrem Lebensunterhalt betrieben und ihr eigenes Land besaßen, habe ich dieses überwältigende Gefühl von Schönheit und Fruchtbarkeit empfunden. Glücklich das Land, in dem jeder genug und keiner zuviel hat, und in dem es nicht zu viele Menschen gibt!

## Kapitel 15
## Ich kam in eine Stadt

> Der Mensch ist entweder ein Vizekönig oder ein Tier, das kraft seiner Schlauheit und der verschlingenden Leistungsfähigkeit seiner durch technologisches Instrumentarium geschärften Zähne besondere Rechte in Anspruch nimmt, ein Tier, dessen Zeit abgelaufen ist. Ist er so ein Tier, dann hat er keinerlei Rechte – denn er ist nicht mehr und nicht weniger als ein Stück Fleisch, und die Elefanten und Löwen, Kaninchen und Mäuse müssen in einem düsteren Schlupfwinkel ihres Lebensraums jubilieren, wenn sie sehen, daß der Usurpator die Mittel zu seiner eigenen Zerstörung schafft. Ist er jedoch ein Vizekönig, dann muß man alle Zerstörung und alle Probleme in der geschaffenen Welt, die ihn umgibt, in gewissem Maß ihm zur Last legen ...
> Wenn er wirklich das ist, wofür er sich bis vor kurzem gehalten hat, dann trägt er auf seinem schwachen Rücken die Last der Schöpfung ...
>
> Aus ›King of the Castle‹ von Gai Eaton

Und somit kommen wir zu dem heiklen Thema, wie man die Anzahl der Menschen in Grenzen halten kann.

Natürlich können wir das nicht. Wir mögen in der Lage sein, die Anzahl neuer Menschen, die wir selbst in die Welt setzen (und hier kann ich nur sagen, mea culpa), zu kontrollieren, aber keiner von uns kann unmittelbar auf die Anzahl von Menschen, die andere Menschen hervorbringen, Einfluß nehmen. Die Katholiken stehen auf dem Standpunkt, daß nur Gott entscheiden kann, wie viele Kinder eine Familie haben soll, und daß es Sünde sei, deren Anzahl willentlich zu begrenzen; das heißt also, miteinander zu schlafen, und natürlich tun wir das fast alle. Zyniker behaupten, die Heilige Kirche nehme diesen Standpunkt ein, weil sie möglichst viele Katholiken hervorbringen und damit die Macht der Kirche vergrößern will, und die beste Möglichkeit dafür sei eben, sie zu gebären. Noch zynischere (aber vielleicht auch noch realistischere) Leute sagen, daß dies nicht wirklich funktionieren wird, weil die Länder mit hohen Geburtenzahlen immer die armen Länder sind, und weil deshalb die katholischen Länder tendenziell ärmer sind als die protestantischen, was wiederum die Macht der Kirche nicht vergrößert. Betrachtet man die Angelegenheit vom Standpunkt der nicht-menschlichen Natur, kann man nur zu dem Schluß kommen, daß, obwohl die katholischen Länder dichter bevölkert sind (was keineswegs für alle zutrifft), in erster Linie die wohlhabenden protestantischen Länder der übrigen Natur den meisten Schaden zugefügt haben und noch zufügen. Es steht völlig außer Zweifel, daß die Reformation unbedingt notwendig war, um zum einen den Weg für jene Art empirischer Wissenschaft zu bereiten, die die »Eroberung der Natur« ermöglicht, und zum anderen die Einstellung hervorzubringen, die diese Eroberung wünscht.

Der Protestantismus impliziert den notwendigen ersten Schritt zur Abschaffung aller traditionellen Religionen. Was immer man von den traditionellen Religionen auf der ganzen Welt halten mag – sie bezeichnen sich selbst gern als offenbarte Religionen, vielleicht auch zu Recht –, betrachtet man sie vom Standpunkt der nicht-menschlichen Natur (oder der Natur an sich, die natürlich den Menschen mit einschließt), so muß man zugeben, daß sie zu einem sehr viel weniger zerstörerischen und harmonischeren Verhältnis zwischem dem Menschen und der übrigen Natur neigen.

Die katholischen Fischer der Azoren fuhren in einfachen Ruderbooten aufs Meer hinaus, um die riesigen Wale mit einer einfachen, von Hand geschleuderten Harpune zu erlegen. Um die dampf- und motorgetriebenen Walfänger, die gigantischen Fabrikschiffe und die Geschoßharpune zu erfinden, mußten erst die protestantischen Norweger kommen. Es bedurfte der Japaner (die ihre traditionelle Religion innerhalb von vier Jahrzehnten völlig aufgegeben und sich Hals über Kopf in den schlimmsten westlichen Materialismus gestürzt haben), um Hubschrauber für dieses Geschäft einzusetzen. Und die atheistischen Russen lagen im Schlachtergebnis nur hinter den Japanern, weil sie weniger leistungsstark sind.

Es stimmt, daß es in katholischen Ländern mehr Kinder gibt, aber es bedurfte der protestantischen, um die Medizin so weit zu entwickeln, daß die meisten Kinder, die geboren werden, auch überleben. Diese Entwicklung, die ganz sicher als die wünschenswerteste erscheinen muß, die es je gegeben hat, wird im Endeffekt (nein – schon jetzt) sowohl der Menschheit, als auch der übrigen Natur ungeheures Leid verursachen. Die Japaner schlachten die Wale ab, weil sie ihr Fleisch dringend zum Überleben brauchen. Bevor sie in den Genuß der Segnungen der »modernen Medizin« kamen, konnten die Japaner sich selbst durchaus gut von dem ernähren (und taten es auch), was ihre eigenen Inseln hervorbrachten und was sie an ihren Küsten mit Segelbooten aus dem Meer holen konnten. Zur Zeit stehen die Japaner in Verhandlungen über den Kauf des Fischdocks in Milford Haven in Wales, das sie in eine Fischverarbeitungsfabrik umwandeln wollen. Es gibt nicht einen Ozean auf der Welt (mit Ausnahme von ein paar Binnenmeeren), in dem nicht die Japaner nach Fisch jagen. Die japanischen Fischereiflotten nehmen exponentiell zu und vergrößern ihre Kapazität jedes Jahr; und zweifellos werden sie mit fachmännischer Unterstützung der Polen, der Russen, der guten alten Briten und anderer »entwickelter« Nationen innerhalb von ein oder zwei Jahrzehnten allen eßbaren Fisch in den Weltozeanen austilgen, falls nicht zuerst das Öl ausgeht, denn das ist die einzige Hoffnung.

Natürlich sind »Babys wichtiger als Fisch«, aber nehmen wir einmal an, daß man erstere nicht ohne das andere bekommen kann. Nehmen wir an, die Nahrung auf unserem Planeten sei tatsächlich begrenzt, was wir auch anstellen mögen, und wie schlau es der Mann im weißen Kittel auch anfangen mag, und unsere Spezies bewege sich mit rasender Geschwindigkeit auf diese Grenze zu? Was passiert dann?

Die Katholiken werden sagen: überlaßt es Gott. Die Protestanten werden entweder sagen: haltet euch zurück, oder: wendet Geburtenkontrolle an. Die Selbstbeherrschung scheidet aus, fürchte ich. Sie oder ich wären dazu vielleicht in der Lage, aber wir sind ja schließlich Ausnahmen, oder? (Oder zumindest Sie sind vielleicht in der Lage, sie zu üben.) Es wird einfach nicht funktionieren. Geburtenkontrolle hängt in einem gewissen Maß von hochentwickelter Technik ab, die vielleicht überlebt, vielleicht auch nicht. Die Pille ist ziemlich sicher schädlich für Sie. Abtreibung ist abscheulich – und die damit zusammenhängende Mordanklage ist nur schwerlich zu widerlegen. Wie ich schon anfangs sagte, bin ich sehr gut im Fragenstellen, aber verdammt untauglich, wenn es darum geht, sie zu beantworten.

Die afrikanischen Stammesvölker, mit denen ich lange und eng genug zusammenlebte, um eine Menge über sie zu erfahren, hatten eine praktikable Antwort. Die Frauen waren während der Schwangerschaft und solange sie stillten tabu, und sie stillten ihre Kinder bis zu drei Jahren! Während dieser Zeit teilten ihre Männer mit ihnen nicht einmal die Schlafmatten; sie schliefen bei ihren eigenen Kindern oder bei anderen Leuten. Jedenfalls funktionierte es. Die Buschbevölkerung blieb ziemlich konstant und es gab genug Land und Nahrung für alle.

Doch mit dem zunehmenden Kontakt mit westlichen Vorstellungen verschwindet diese einwandfreie Methode der Geburtenkontrolle, ja, sie ist fast schon verschwunden; und damit wird Afrika in zunehmendem Maße abhängig von importiertem Getreide. Die Bevölkerung des Kontinents explodiert, und selbst ein Blinder kann die schreckliche Katastrophe erkennen, auf die man zusteuert. Aber keine Sorge – die verhungernden Millionen der Dritten Welt werden uns vollgefressene Westler nicht überwältigen. Menschen, die am Verhungern sind, überwältigen niemand. Sie verhungern ganz einfach lautlos. Das alles habe ich auf der Chowringee miterlebt. Wir im United Services Club waren vollkommen sicher.

Wie wir hören, ist es den Chinesen gelungen, ihre Bevölkerungszahl zumindest für einen begrenzten Zeitraum zu stabilisieren. Außerdem bekommen die wohlhabenderen Leute angeblich weniger Kinder. Europa und Nordamerika jedenfalls sind im Grunde genommen nicht überbevölkert. Würden sich die Menschen in diesen Gebieten besser verteilen, hätten sie die Fähigkeit und das praktische Wissen, um auf dem Land zu leben, wäre das Land außerdem gleichmäßiger aufgeteilt und bestünde vor allem der Wille dazu, könnte in diesen Ländern die doppelte Anzahl Menschen in maßvollem Wohlstand leben, zur Verschönerung und Bestellung der übrigen Natur beitragen, ohne ihr sehr zur Last zu fallen oder sie gar zu zerstören.

Aber wie könnte man je zu einem solchen Ergebnis gelangen? Können Sie sich vorstellen, zu einer Horde randalierender Skinheads zu sagen: »Geht aufs Land, schuftet für einen warmen Händedruck fünf Jahre lang auf dem Grund und Boden eines anderen, dann könnt ihr euch selbst ein Stück Land kaufen und im Schweiße eures Angesichts euer tägliches Brot verdienen!«

Solange wir westlichen Menschen an unserem rein nihilistischen und anti-traditionalistischen Glauben festhalten, gibt es keine Möglichkeit, auf unserem gegenwärtigen Weg innezuhalten, der unweigerlich zur Zerstörung allen Lebens auf diesem Planeten führt. Was können wir dagegen tun? Nun, ich weiß nicht, was *wir* dagegen tun können, weil jeder von uns einen freien Willen hat und ich nicht für Sie entscheiden kann. Aber ich weiß, was *ich* dagegen tun kann. Ich kann meine Einstellung ändern – kann mir selbst den Kopf zurechtrücken. Und ich kann Sie auffordern, dasselbe zu tun.

Wenn wir ganz ehrlich daran glaubten, daß wir noch immer ein Teil der Natur sind, würde sich alles übrige daraus ergeben. Wenn die Japaner das ganz ehrlich glaubten, wie könnten dann ihre Industriellen auch noch den letzten Wal vernichten, die letzten Fischgründe ausplündern, die letzten Wälder der Erde zu Preßspanplatten verarbeiten? Hätten die Japaner an ihren schintoistisch-buddhistischen Traditionen festgehalten, hätten sie das alles nicht fertiggebracht. Hätten die Europäer an ihren christlich-katholischen Traditionen festgehalten, hätte es kein Zeitalter der Vernunft gegeben, keine industrielle Revolution, keine technische Revolution, keine Atombombe, kein Windscale oder Three Mile Island. Wären die Wenn und Aber Töpfe und Pfannen, bräuchte man keine Kesselflicker!

Wir müssen jedoch von unserer jetzigen Situation ausgehen.

Ich bin (fast) sicher, daß wir die Menschen nicht überzeugen können wieder zu glauben, daß der Mensch ein Teil der Natur ist. Aber ich bin ganz sicher, daß wir es versuchen müssen. Ich möchte den Leser in aller Bescheidenheit auffordern, sich noch einmal Vers 7 im 4. Gesang der ›Bhagavadgita‹ anzusehen, den ich Kapitel 12 dieses Buches vorangestellt habe.

Was können wir – abgesehen von dem Versuch, die Leute zu überzeugen zu glauben, daß sie sind, was sie offensichtlich sind (Tiere, wenn auch vizekönigliche) – selbst tun, um so zu handeln, als glaubten wir wirklich, wir seien noch ein Teil der Natur und wünschten nicht dazu beizutragen, daß die Menschheit Selbstmord begeht?

Nun, wir können versuchen, so einfach und so wenig ausbeuterisch wie möglich zu leben. Wir können versuchen, aufs Land zu ziehen, wo unsere Nahrung vom Anbauort nicht so weit zu uns gebracht werden muß. Wir können versuchen, selbst so viel wie möglich anzupflanzen, wir können versuchen, soweit möglich, Nahrungsmittel zu kaufen, die organisch – das heißt, ohne viel chemische Beigaben – angebaut worden sind. (Der Artikel ›The Circle of Poison‹ in der Zeitschrift ›The Ecologist‹, Band 11, Nr. 3, merkt voller Ironie an, daß alle Pestizide und andere -zide, die in den Vereinigten Staaten verboten sind, noch immer hergestellt, dann allerdings in die Länder der Dritten

Welt exportiert werden, und daß siebzig Prozent davon auf Anbauprodukte versprüht werden, die für den Export in die Vereinigten Staaten bestimmt sind! Auf diese Weise geht dieser mörderisch scheinheilige Schuß, daß man den Export verbotener Chemikalien in andere Länder zuläßt, nach hinten los – die Amerikaner bekommen ihren eigenen Dreck doch wieder zurück! Eine der ersten Taten, die Präsident Reagan nach seiner Amtsübernahme vollbrachte, war die Verabschiedung eines Gesetzes, das den Export verbotener Chemikalien in andere Länder zuläßt. Denn natürlich darf nichts den amerikanischen Unternehmen im Weg stehen. Wenn er gewußt hätte, daß er sie wieder zurückbekommen würde, wäre er vielleicht nicht so eifrig gewesen.) Wir können versuchen, nach Möglichkeit nichts zu kaufen, was das Ergebnis der Zerstörung von Leben ist. Wir können japanische Waren boykottieren, bis die Japaner zumindest den Walfang aufgeben, und sie darüber irgendwie in Kenntnis setzen. Wir können die »grüne Bewegung« unterstützen, wo immer wir ihr begegnen.

Diese Beispiele für das, was wir tun können, scheinen so lächerlich und unbedeutend angesichts der ungeheuren Probleme, die uns bedrohen.

Ist es vielleicht schon zu spät? Kommen wir überhaupt noch aus dem Schwarzen Loch heraus, in das wir in unserer Blindheit alles Leben auf diesem Planeten geführt haben?

Leider hat dieser armselige Autor keinen heißen Draht zu jenem anderen Autor (Schöpfer), der allein die Antworten auf diese Fragen kennt. Wir können nur tun, was wir tun können, aber dieses Wenige müssen wir tun. Und wir müssen es aus den richtigen Beweggründen tun, nämlich weil es richtig ist und nicht, weil wir glauben, daß es Erfolg hat. Nur wenn wir es aus diesem Grund tun, wird unser Handeln wirkungsvoll sein.

Haben der Kapitän und die Mannschaft der »Rainbow Warrior«, jenes kleinen Schiffes, das Greenpeace gehört, wirklich geglaubt, sie könnten auch nur einen einzigen Wal retten, indem sie in das antarktische Eis dampften und sich in winzigen Gummibooten mit ihren Körpern zwischen die gnadenlosen Walfänger und ihre Beute stellten? Sie taten es, weil sie wußten, daß es richtig war.

Als ich in Indien war, saß ich einmal in einem Publikum, vor dem ein alter Mann – ein berühmter alter Mann – sprach; er hatte sein Leben damit verbracht, durch den Subkontinent zu wandern und zu versuchen, die großen Grundbesitzer dazu zu überreden, einen Teil ihres Landes an Leute zu verteilen, die keines hatten. Ich fragte ihn, welchen Erfolg er gehabt hätte. »Überhaupt keinen«, lautete seine Antwort. »Ich komme mir vor wie ein Mann, der versucht, eine Ziegelwand mit dem Kopf einzureißen. Bis jetzt ist es mir noch nicht einmal gelungen, auch nur den Putz von der Wand zu schlagen. Aber ich werde mein ganzes Leben lang weitermachen, weil ich weiß, daß es richtig ist.«

Wer weiß, ob seine Bemühungen nicht eines Tages doch noch Früchte tragen? Aber das ist nicht das Entscheidende. Das Motiv für sein Handeln war, daß er das, was er tat, für richtig hielt – nicht daß er an seinen Erfolg glaubte.

Und sicherlich ist dies die Art Glaube, die wir heutzutage demonstrieren müssen.

Wir müssen unsere Körper vor die Bulldozer werfen! Wir müssen den Verderbern und Zerstörern mit allen Mitteln klarmachen, daß wir, auch wenn wir sie letztlich nicht aufhalten können, alles versuchen werden – mit unseren Köpfen, unseren Körpern, unseren Seelen und unserer Intelligenz! Und wer weiß? Noch sind wir weniger als sie und viel ärmer; aber wir verfügen über Waffen, die ihnen völlig fehlen – wir haben einen scharfen Verstand (nicht nur jene Schlauheit, die wir ihnen zugestehen müssen), wir haben Poesie, Humor und Witz. Das Lachen ist eine unserer schärfsten Waffen – wir müssen es wie einen Degen benutzen.

Wir müssen unablässig daran arbeiten, die fetten und aufgeblasenen »Nationalstaaten« zu knacken. Leopold Kohrs Bücher, besonders ›Breakdown of Nations‹ (1957) und ›The Overdeveloped Nations‹ (1977) geben dabei sehr gute Verständnishilfen. Kein Mensch, der nicht eines oder beide gelesen hat, sollte sich zivilisiert nennen. Vielleicht kann man nichts anderes Positives erreichen, bevor das nicht geschafft ist. In Nationen, die zu groß sind, um vom menschlichen Verstand erfaßt zu werden, kann kein wirklicher Fortschritt in Richtung Gesundung erfolgen. Länder, Städte, Geschäftsunternehmen – alle menschlichen Institutionen müssen in Einheiten von humaner Größe unterteilt werden, das heißt von einer Größe, die der normale Menschenverstand und die Seele begreifen können.

Und ob nun die Hand, die die Wiege schaukelt, die Welt regiert oder nicht – daß die Finger, die in die Börse langen, die Wirtschaft regieren, wissen wir. Die Real Ale Campaign (Kampagne für reines Bier) hat gezeigt, was sich hier tun läßt. Selbst die riesigen nationalen Brauereien sind dazu gezwungen worden, nachzuweisen, daß sie Bier nach dem Reinheitsgebot herstellen, obwohl ihr sogenanntes reines Bier auch nicht reiner ist als das schäumende Zeug, das sie zuvor verkauft haben; aber immerhin ist dadurch die Rettung von ein paar Dutzend kleinen, lokalen Brauereien gelungen, die drauf und dran waren, schließen zu müssen. Wenn die Kämpfer für reines Bier in ihren Bemühungen nicht erlahmen, könnten sie die großen nationalen Brauereien zum Bankrott treiben, und das wäre phantastisch. Und jetzt ist in England eine Kampagne für naturreines Brot angelaufen. Hoffen wir, daß sie die Familienbetriebe wieder zum Leben erweckt und die Fabriken mit ihrem luftdicht verpackten Papp zerstört!

Boykottieren wir, soweit wir können, alle Riesenunternehmen und multinationalen Konzerne. Unterstützen wir die lokale Industrie. Weil Irland, das Land, in dem ich zur Zeit lebe (ich würde nie in einem großen Land leben, wenn ich es vermeiden kann), die Dummheit begangen hat, sich in die EG hineinziehen zu lassen, muß es zulassen, daß Unmengen auswärtiger Güter ins Land fließen und die eigene Industrie an den Rand des Ruins treibt. Die Regierung war jetzt zumindest so vernünftig, dieser Entwicklung entgegenzuwirken, indem sie eine massive »Buy Irish« (kauft irische Produkte)-Kampagne gestartet hat. Aber auch die scheint das Land nicht vor der Überflutung mit ausländischen Gütern zu bewahren. Irische Männer und Frauen stehen vor dem Arbeitsamt Schlange, um das Geld zum Kauf von Waren zu bekommen, die sie selbst anbauen oder herstellen sollten. In einem großen Land erwartet man diese Art von Dummheit – wenn sie in einem kleinen passiert, ist das doppelt traurig. Irland hat den Vorteil, klein zu sein, verspielt, indem es sich einer größeren Verrücktheit angeschlossen hat.

Wir dürfen gegenüber den dummen Leuten, die unsere aufgeblasenen »Nationalstaaten« regieren, nicht den geringsten Zweifel daran lassen, daß wir ihnen ihre Arbeit so schwer wie nur irgend möglich machen werden. Wir werden sie nur dann unterstützen, wenn sie auf seiten des Lebens stehen – solange sie auf seiten des Todes arbeiten, was so gut wie ständig der Fall ist, werden wir ihnen ständig Knüppel zwischen die Beine werfen.

Wir werden es ihnen so schwer wie möglich machen, ihre Raketen aufzustellen, ihre giftigen Atomkraftwerke zu bauen und ihren radioaktiven Dreck in unseren herrlichen Bergen zu vergraben oder in unsere Meere zu werfen. Wir werden den Großindustriellen klarmachen, daß wir ihre schmutzigen Produkte nicht wollen – wir werden zu einem bescheidenen Leben und zur Bedürfnislosigkeit zurückkehren. Diese Leute sprechen andauernd von »Wachstum«. Wessen Wachstum? Das Wachstum des menschlichen Geistes – oder der menschlichen Seele?

Wir müssen zurückkehren zu unserem Erbe, unserem Geburtsrecht, unserer wirklichen Aufgabe – dem Land. Wir müssen darauf bestehen, daß man uns unsere Pflicht erfüllen läßt, nämlich wieder Landwirt zu sein; liebevoll für den Boden zu sorgen, aus dem alles irdische Leben kommt und zu dem es zurückkehrt.

Wir müssen diese aufgedunsenen Städtehaufen verlassen, die unseren Planeten entstellen und eine Schande für die Menschheit darstellen.

Ich kam in eine Stadt. Eine Stadt, die schön und organisch in einer fruchtbaren, besiedelten Ebene gewachsen ist, in der Kinder spielten und lachten und in Grotten, Obsthainen und Gärten sangen, in der Männer und Frauen hart und freudig arbeiteten, um den Boden zu bestellen. Die Stadt entstand unmittelbar aus der Landschaft – ohne häßliche, seelenlose Vororte. Und als ich in die Stadt hineinkam, erschauerte ich vor Ehrfurcht über ihre Schönheit, denn die Stadt war zum Ruhme Gottes erbaut worden.

Wenn das Öl zu Ende ist, wird auch die Zeit der geschwürartig wuchernden Ballungsgebiete (ich wage nicht, in diesem Zusammenhang das schöne Wort Stadt zu benützen) zur Neige gehen. Nein, nein – die Atomkraft wird sie nicht retten. Sie ist zu teuer, es gibt zu wenig und es ist zu spät. Wenn die Atomrechnung am Ende bezahlt werden muß – wenn die letzte Mahnung kommt –, dann wird sich herausstellen, daß dazu noch die Kosten für Entwicklung, Lagerung und Verarbeitung von Atommüll, Entschädigung für Krebsfälle (British Nuclear Fuels mußte dem ›Daily Telegraph‹ vom 9. Juni 1981 zufolge 9600 Pfund als Entschädigung für drei Krebsfälle in Windscale ausspucken und es werden noch mehr nachfolgen), umfangreiche Schutzmaßnahmen, besonders ausgerüstete Polizeieinheiten und was weiß ich noch kommen. Alle diese Kosten sind bisher von der Buchführung der Atomindustrie sorgfältig ausgeschlossen worden – aber die Rechnungen dafür kommen noch! Man kann die Bücher fälschen, die Rechnungen muß man trotzdem bezahlen.

Nein, nein. Die Atomkraft wird die Städtehaufen nicht verschonen. Nichts, gar nichts, wird den Platz einer Energie einnehmen, die aus der Erde hervorströmt, sobald irgend jemand an der richtigen Stelle ein Loch bohrt.

Und wenn es dann kein oder nur noch extrem teures Öl und keine Petrochemikalien mehr gibt, müssen die Farmer ungeheure Mengen Nahrungsmittel so gut wie ohne Arbeitskräfte produzieren, weil die Kosten für Arbeit inzwischen astronomisch hoch sind, und die Lebensmittel müssen über riesige Entfernungen – oft um die halbe Welt – transportiert werden, müssen haltbar gemacht, gelagert und an hundert Milliarden parasitärer Städter verteilt werden, die nichts von Wert dagegen einzutauschen haben.

Nein, Homo exstinctor, die ganze Angelegenheit muß früher oder später zusammenkrachen und noch so viele Männer in weißen Kitteln werden das nicht verhindern – auch wenn sie noch so viel Geld bekommen, um es an diese Probleme zu verschwenden.

Wir müssen *jetzt* mit der Arbeit an einer neuen, organischen Ordnung, einer neuen Harmonie, einem neuen Traum beginnen. »Die Welt ist ein Traum, der im Sterben liegt, oder einer, der erst geboren wird.«

D. H. Lawrence hat einmal geschrieben, die Menschheit sei wie ein riesiger, entwurzelter Baum, dessen Wurzeln in die Luft ragen. Auch wir müssen wieder auf die Beine kommen und unsere Wurzeln in den Boden strecken. Wir müssen uns selbst wieder im Universum einpflanzen.

Fast hat es den Anschein, als würde die Menschheit in zwei Spezies aufsplittern. Homo exstinctor und Homo . . . was? Der Mensch – der Bauer reicht mir völlig. Sapiens ist viel zu arrogant und zu weit von der Wahrheit entfernt. Der Mensch als Bauer – und das Ganze auf Latein.

Und wir müssen wieder ganze Menschen werden.

Wir müssen uns von dem Macho-Traum losreißen – er hat sich als Alptraum erwiesen. Frauen sollten Frauen sein und frauliche Qualitäten besitzen, und Männer sollten Männer sein, aber beide sollten sich gegenseitig ergänzen und kein Geschlecht sollte das andere dominieren. Die Menschen beider Geschlechter sollten ihre Klugheit, Intuition und ihre jeweiligen Stärken in die große Aufgabe einbringen, der Lebenskraft zu dienen. Und die Lebenskraft – oder Gott, wenn Sie so wollen – ist weder männlich noch weiblich.

Keine anständige Frau würde atomare Vernichtungswaffen bauen oder sich Maschinen ausdenken, um irgendwelche Wesen zu den Sternen zu befördern. Das sind die verrückten und krankhaften Träume arroganter Männer. Was – Sie wollen ausziehen und andere Sterne verschmutzen, nachdem wir aus diesem hier so einen Saustall gemacht haben? Sie wollen erst diesen zerstören, um einen Vorwand zu haben, sich aufzumachen und die anderen zerstören zu können?

Nein, Frauen und Männer, laßt uns demütig und bedachtsam damit beginnen, diesen Planeten in den Garten zu verwandeln, der er, wie die Bibel berichtet, vor dem Fall war, als »Gott den Mann und die Frau in den Garten setzte, auf daß sie ihn hegten und pflegten«.

Die Welt als Garten – das ist, glaube ich, der Wunsch, den die Lebenskraft an uns hat.

Auf diesem Planeten beginnt das neue Kurukshetra – der Kampf zwischen Gott und dem Bösen –, und mein Herz sagt mir, daß die Kräfte des Lebens ihn gegen alle Angreifer gewinnen werden. Zweifellos wird der Feind, wenn die große Zerstörung beginnt, eine Menge Leben mit sich reißen, und eine Menge Leben auf unserem Planeten wird zerstört werden; aber mein Herz sagt mir, auch wenn mein Kopf dem widerspricht, daß etwas Leben überleben wird – und vielleicht sogar etwas von unserer Lebensform.

Leben ist zäh und nicht unterzukriegen und hat bereits große Verwüstungen überstanden. Ich weiß, daß es Leben auf anderen – vielen Millionen anderen – Planeten geben muß. Wahrscheinlich spielt die dünne, durstige grüne Schicht um diesen kleinen Globus vom Kosmos aus gesehen nur eine sehr geringe Rolle.

Aber für mich spielt sie eine Rolle, und – Schwester, Bruder – er spielt eine Rolle für dich, Schwester Zaunkönig, Bruder Wal, Schwester Gras, Bruder Wurm, Mutter Fels.